L. A. Graham

Mathematik aus dem Hinterhalt

L. A. Graham

Mathematik
aus dem Hinterhalt

52 mathematische Probleme
mit überraschenden Lösungen

Friedr. Vieweg & Sohn   Braunschweig/Wiesbaden

CIP-Kurztitelaufnahme der Deutschen Bibliothek

Graham, Louis A.:
Mathematik aus dem Hinterhalt: 52 math. Probleme
mit überraschenden Lösungen/L. A. Graham.
[Übers.: Gerd Walther]. – Braunschweig; Wiesbaden:
Vieweg, 1981.
   Einheitssacht.: The surprise attack in
   mathematical problems ⟨dt.⟩
   ISBN-13:978-3-528-08450-9   e-ISBN-13:978-3-322-84284-8
   DOI: 10.1007/978-3-322-84284-8

Titel der englischen Originalausgabe:
The Surprise Attack in Mathematical Problems
© 1968 by Olive M. Graham
erschienen 1968 bei Dover Publications, Inc., New York
Übersetzung: Dr. Gerd Walther, Dortmund

Satz: Vieweg, Braunschweig
Umschlaggestaltung: Peter Neitzke, Köln

ISBN-13:978-3-528-08450-9

Vorwort

Wenn ich auf meine über 25-jährige Arbeit als Leiter einer mathematischen Kolumne im "Graham Dial" zurückblicke, so sehe ich gerade in den überraschenden Problemlösungen der Leser die schönste Anerkennung für meine Bemühungen.

Die Mehrzahl der Aufgaben waren Originalbeiträge, und in den meisten Fällen waren die prämierten Lösungen der Leser besser als die Lösung des Problemstellers. Häufig wurden durch solche Lösungen neue Aspekte des Problems erkennbar, oder es wurden neue interessante Zusammenhänge erschlossen.

In diesem Buch bringen wir eine Auswahl von Problemen, bei denen der erwähnte Überraschungseffekt bei der Lösung besonders deutlich wird. Dies äußert sich etwa durch einen ungewöhnlichen Lösungsansatz, der nicht nur zur Vereinfachung der Lösung beiträgt, sondern auch zu einer erweiterten Sicht des Problems führt und zum Teil von einem esoterischen Hauch begleitet ist, der vielen Mathematikerherzen so lieb ist.

Eine technische Bemerkung: Nach jeder Problemstellung wird die **Lösung** durch dieses Wort in fetten Buchstaben angekündigt. Wer also die Aufgabe selbständig lösen möchte, soll an dieser Stelle das Buch besser zuklappen und erst später die Lösungen vergleichen.

Zur Auflockerung des Textes dienen die eingestreuten illustrierten Verse[1], die von Lesern stammen, und in amüsanter Weise eine bekannte Formel in Gedichtform darstellen.

L. A. Graham

---

1) Diese wurden, um den originellen Reiz nicht zu zerstören, in der englischen Sprache belassen (Anm. des Übersetzers)

Inhaltsverzeichnis

VII

1 Das Linsen-Nomogramm

Dieses interessante Problem läßt zumindest vier verschiedene Lösungen zu; die überraschende Lösung ist außerdem optimal in dem Sinne, als sie auch bei ähnlichen Berechnungen in Physik oder Technik angewandt werden kann.

Ein junger Student (wir taufen ihn Euklidchen) experimentiert im Optik-Laboratorium; er soll die Brennweite f einer konvexen Linse bestimmen.

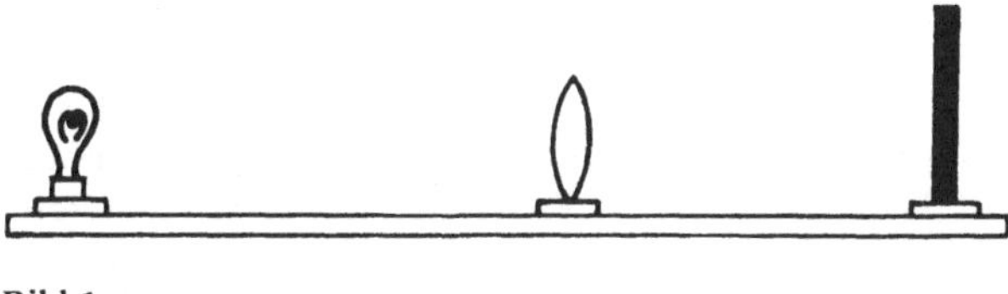

Bild 1

Gemäß der bekannten Linsengleichung $1/f = 1/u + 1/v$ muß Euklidchen die Gegenstandsweite u und die Bildweite v bestimmen.

Um numerische Berechnungen zu vermeiden, entschließt sich Euklidchen, die Addition der Kehrwerte graphisch mit Hilfe eines Dreiecks und eines geeichten Lineals durchzuführen. Hinweis: Es gibt mindestens 2 verschiedene Lösungswege; für den einen erweist sich ein rechtwinkliges Dreieck, für den anderen ein Dreieck mit 60°-Winkel als günstig. Wie sieht die Lösung aus? (Mit der graphischen Lösung der Linsengleichung hat man natürlich auch ein Verfahren, um den Gesamtwiderstand zweier parallel geschalteter Widerstände oder die Gesamtkapazität zweier in Reihe geschalteter Kondensatoren zu bestimmen, etc.) Unsere Leser fanden Lösungen zu den beiden angegebenen Hinweisen. In einem dritten Verfahren wurde ein 45°-Dreieck verwendet. Das vierte Verfahren unterscheidet sich von den anderen grundsätzlich; das Dreieck spielt keine Rolle mehr, stattdessen wird der Zirkel benutzt.

Lösung. Mit Hilfe eines Zeichendreiecks mit 60°-Winkel stellen wir uns einen 120°-Winkel her und tragen auf dessen Schenkeln die Längen a und b ab. Verbinden wir die erhaltenen Endpunkte auf den beiden Schenkeln, so kann c als Länge der Winkelhalbierenden des entstandenen Dreiecks abgelesen werden. (Bild 2).

Begründung: Die Fläche des linken bzw. rechten Teildreiecks ist $\frac{ac}{2}$ $\sin 60°$ bzw. $\frac{bc}{2} \sin 60°$. Die Fläche des großen Dreiecks ist $\frac{ab}{2} \sin 60°$. Somit ergibt sich über die Flächen: $ac + bc = ab$; Division durch abc ergibt $\frac{1}{b} + \frac{1}{a} = \frac{1}{c}$.

Bild 2

Bild 3

Beim zweiten Verfahren benutzen wir ein Zeichendreieck mit $45°$-Winkel (vgl. Bild 3). Die Strecken a, b werden auf den Schenkeln eines rechten Winkels abgetragen. Die Winkelhalbierende des $90°$-Winkels schneidet die Hypothenuse im Punkt P. Die gesuchte Länge c ist der Abstand des Punkes P von der Kathete b. Begründung: Aus Ähnlichkeitsgründen gilt $\frac{a}{b} = \frac{c}{b - c}$, woraus sich $ab - ac = bc$ und schließlich $\frac{1}{c} = \frac{1}{a} + \frac{1}{b}$ ergibt.

Beim dritten Verfahren braucht man kein Geodreieck, stattdessen muß mit Hilfe des Zirkels durch einen Punkt die Parallele zu einer gegebenen Geraden konstruiert werden. Die Strecken AB, AC haben die Längen a bzw. b. Die Strecke AC wird über C hinaus verlängert, so daß CD = a. Nun wird D und B verbunden und die Parallele CE zu DB gezeichnet. Dann ist AE die gesuchte Länge. Aus der Ähnlichkeit der Dreiecke ABD, AEC ergibt sich $AE : b = a : (a + b)$, woraus $\frac{1}{AE} = \frac{a + b}{ab} = \frac{1}{b} + \frac{1}{a}$ folgt. —

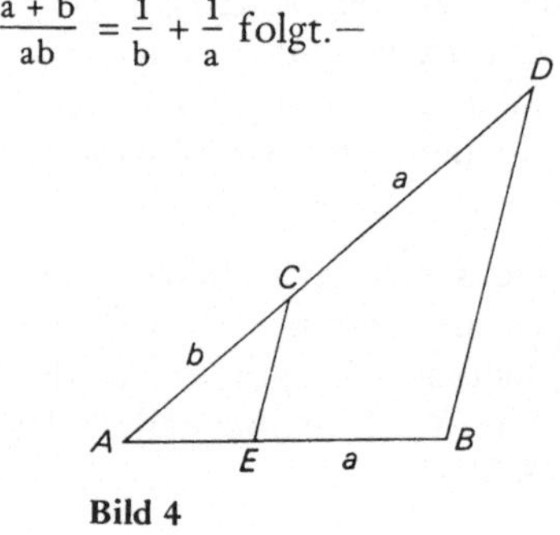

Bild 4

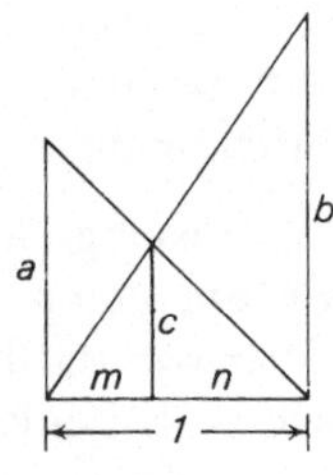

Bild 5

2

Die vierte Lösung, bei der wieder rechtwinklige Dreiecke benutzt werden, führt auf eine Figur, die mit der geometrischen Situation in Aufgabe 6 verwandt ist. Die beiden Strecken a, b werden an den beiden senkrechten „Wänden" in der angegebenen Weise abgetragen (Bild 5). Der Kreuzungspunkt der beiden angelehnten „Leitern" liegt in der gesuchten Entfernung C über dem „Boden", unabhängig davon, wie weit die beiden Wände von einander entfernt sind. Setzen wir m + n = 1, so ergibt sich aus Ähnlichkeitsüberlegungen 1 : b = m : c und 1 : a = n : c,

woraus $\dfrac{1}{b} + \dfrac{1}{a} = \dfrac{n + m}{c} = \dfrac{1}{c}$ folgt.

Der Vorteil der letzten Lösung besteht darin, daß das Verfahren sofort auf die Summation weiterer Reziproken angewandt werden kann, ohne daß zusätzliche Fehler beim Übertragen von Streckenlängen entstehen.

2 Pick beim Grundstücksmakler

Henry Eckhardt verdanken wir das folgende Problem, in dem Euklidchen und ein Grundstücksmakler die Hauptrollen spielen. Euklidchen und sein Vater wollten die Farm eines Nachbarn kaufen. Diese hatte zwar einen unregelmäßigen Umriß, die Grenzlinien waren aber gerade. Um das Geschäft abzuwickeln, begaben sich die beiden zum Grundstücksmakler. Dort war der Umriß des Farmlandes auf einem Plan eingezeichnet, der gitterförmig unterteilt war (Bild 6); die Maschenweite des quadratischen Gitters ist 100 ft. (1 ft = 30,5 cm)

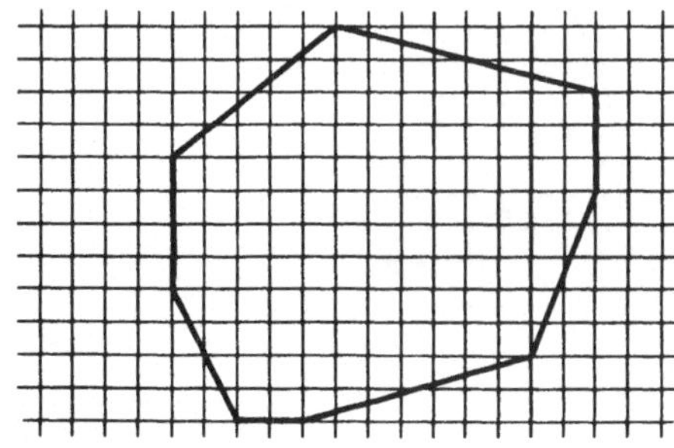

Bild 6

Euklidchen bemerkte, daß die Eckpunkte der Farm mit Gitterpunkten zusammenfielen. Als Kaufpreis wurden $ 200 pro acre*) ($\sim$0,4 ha) genannt. Nach einigem Überlegen wandte sich Euklidchen an seinen Vater und sagte: „Paps, der Flecken wird uns $ 5417,18 kosten." „Komm" erwiderte Paps, „das ist nur eine grobe Schätzung, ohne Planimeter konntest du in so kurzer Zeit wohl kaum die genaue Fläche herausbekommen." „Doch, ich konnte das", erwiderte Euklidchen, „das ist der exakte Preis. Ich zählte nur die Gitterpunkte auf und die Gitterpunkte innerhalb der Grenzlinie und machte dann hier auf dem Papier einige einfache Berechnungen." Was hatte Euklidchen wohl gemacht, und wieso funktioniert diese Methode?

Lösung. Obgleich in unserer Aufgabe ausgeführt war, daß Euklidchens schnelle Lösung wesentlich auf der Auszählung der Gitterpunkte auf dem Vieleckrand (16) und im Inneren des Vielecks (111) beruhte, schlugen viele Einsender den Weg über Flächenzerlegung bzw. -ergänzung ein.
Eine dieser Lösungen geben wir an (vgl. Bild 7).

Das dem Vieleck umbeschriebene Rechteck hat die Fläche 1200 · 1300 = 156 · 10^4. Von dieser Fläche werden nun die Teilflächen A, ... F mit den Werten 10 · 10^4, 8 · 10^4, 5 · 10^4, 4 · 10^4, 7 · 10^4, 4 ·

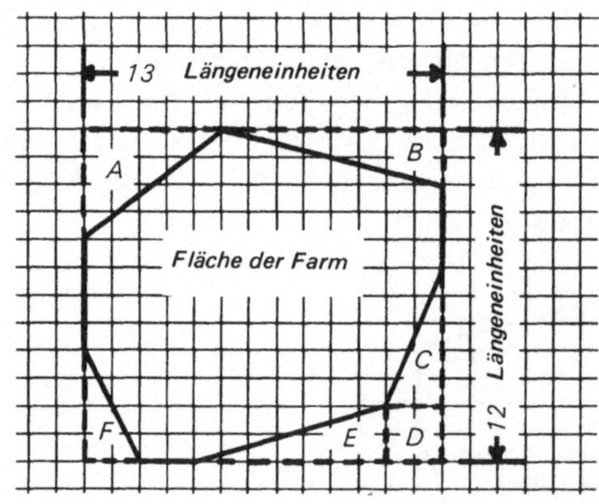

Bild 7

---

*) (1 acre = 43560 ft^2)

4

10^4 abgezogen. Natürlich erhält man auf diesem Weg den exakten Wert der gesuchten Fläche, aber es ist kaum vorstellbar, daß Euklidchen mit dieser Methode schnell zum Ziel gelangt wäre.

Der überraschende Ansatz funktioniert so: die Hälfte der 16 Gitterpunkte auf der Randlinie wird zu den 111 inneren Gitterpunkten addiert und 1 subtrahiert. Als Resultat erhalten wir 118 Flächeneinheiten.

Wenn wir dies durch 4,356 dividieren, so ergibt das 27,089 acres. Und der Gesamtpreis ist $200 \cdot 27{,}089 = 5417{,}81$ Dollar.

Nun geben wir zwei Wege zur Ableitung der von Euklidchen benutzten Formel an. Der erste ist geometrisch, der zweite algebraisch.

S. E. Szasz schrieb uns: „Wir ordnen jedem Gitterpunkt auf dem Grundstücksplan ein Einheitsquadrat zu, in dessen Zentrum der betreffende Gitterpunkt liegt. Es gibt vier Typen von Gitterpunkten:

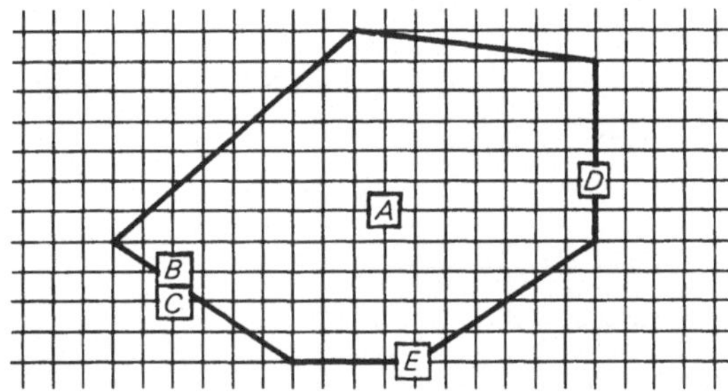

Bild 8

1. Gitterpunkte wie A (Bild 8), die einschließlich ihres zugeordneten Quadrats im Innern des Gebiets liegen.
2. Gitterpunkte wie B, die im Innern des Gebiets liegen, von deren zugeordnetem Quadrat durch die Grenzlinie jedoch ein Stück S abgeschnitten wird (aus Symmetriegründen gibt es zu einem solchen Punkt B stets einen Gitterpunkt E außerhalb des Gebiets derart, daß von dessen zugeordnetem Quadrat ein gleich großes Stück S abgeschnitten wird, das im *Innern* des Gebiets liegt). Jeder dieser Gitterpunkte B trägt somit 1 Einheitsquadrat zur Fläche bei.
3. Gitterpunkte wie D auf einer Randstrecke, die jedoch nicht mit einem Eckpunkt (E) des Gebiets zusammenfallen. Unabhängig von der Richtung der Randstrecke liefert ein solcher Punkt ein halbes Einheitsquadrat zur Gesamtfläche.

4. Gitterpunkte wie E, die mit einer Ecke des Gebiets zusammen-
    fallen. Wir durchlaufen nun den Rand des Gebiets im Uhrzeiger-
    sinn und verlängern an jedem Eckpunkt in gleicher Weise eine der
    dort zusammentreffenden Randstrecken. Betrachten wir die
    zugeordneten Einheitsquadrate, so stellen wir fest, daß innerhalb
    des Gebiets jeweils weniger als die Hälfte eines solchen Quadrats
    liegt. Der „Defekt" an einer Ecke ist genau das Flächenstück, das
    von einer Randstrecke in E und der anderen verlängerten Rand-
    strecke erzeugt wird.

    Analog zur Berechnung der Summe der Außenwinkel (360°) eines
    einfachen Polygons können die abgeschnittenen Defekte zu einem
    Einheitsquadrat addiert werden.

Damit ist Euklidchens flotte Berechnung klar. Die Fläche des Ge-
biets — in Einheitsquadraten — ergibt sich so: Anzahl der inneren
Gitterpunkte plus halbe Anzahl der Gitterpunkte auf dem Rand des
Gebiets (einschließlich Eckpunkte) minus 1 (Formel von Pick).

Nun braucht man nur noch ins verwendete Flächenmaß umzurech-
nen und erhält daraus den Kaufpreis."

Die algebraische Lösung geht so:

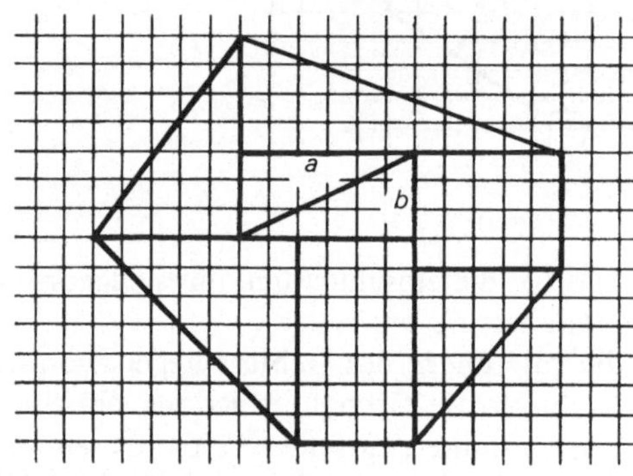

Bild 9

„Jedes achsenparallele Rechteck mit Seitenlängen a, b, dessen
Ecken Gitterpunkte sind, hat $M = 2(a + b)$ Gitterpunkte auf dem Rand
und $N = (a - 1)(b - 1)$ Gitterpunkte im Innern. Da die Fläche des
Rechtecks $F = ab$ beträgt, erhält man mit den beiden anderen Gleichungen

$$F = \frac{M}{2} + N - 1 \quad (*)$$

6

Nun zerlegen wir das Rechteck durch eine Diagonale in zwei kongruente rechtwinklige Dreiecke. Die Diagonale enthalte ohne ihre beiden Eckpunkte c Gitterpunkte. Dann besteht zwischen der Zahl S der Gitterpunkte im Innern eines Teildreiecks und der Zahl T der Gitterpunkte auf seinem Rand und den Zahlen M, N folgende Beziehung:

$$S = \frac{(N - c)}{2}, \; T = \frac{M}{2} + c - 1$$

Lösen wir diese Gleichungen nach M, N auf und setzen in (*) ein, so ergibt sich

$$\frac{F}{2} = F' = \frac{T}{2} + S - 1 \; (**)$$

F' ist die Fläche eines Teildreiecks.
Die Gleichung (**) hat die gleiche Form wie (*).

Ein beliebiges Vieleck, dessen Ecken Gitterpunkte sind, kann nun wie in Bild 9 dargestellt, aus Rechtecken und rechtwinkligen Dreiecken aufgebaut werden. Beim Zusammensetzen zweier solcher Figuren längs einer Randstrecke muß man beachten, daß je zwei gemeinsame Gitterpunkte auf dem gemeinsamen Randstück zu einem inneren Gitterpunkt identifiziert werden.

MATHEMATICAL NURSERY RHYME No. 1

Ride a cock horse
To Banbury Cross
And you'll have plenty of power.
For a horse, so they say,
On any fine day,
Can raise up a ton,
Yes, a full U.S. ton,
A thousand feet high in an hour.

MATHEMATICAL NURSERY RHYME No. 2

Old Boniface he took his cheer,
Then he drilled a hole through a solid sphere—
Clear through the center, straight and strong.
And the hole was just six inches long.
Now tell us, when the end was gained
What volume in the sphere remained?
Sounds like we haven't told enough,
But that's all you need—and it isn't tough.

MATHEMATICAL NURSERY RHYME No. 3

Simple Simon met a π man
Going to the fair.
Said Simple Simon to the π man
"You have unusual ware.
The π's I've seen before were round
But, gosh, your π's r²."

MATHEMATICAL NURSERY RHYME No. 4

Hey diddle diddle, the cat and the fiddle,
The cow jumped over the moon ;
Which requires computation of its orbit's equation
To avoid jumping late or too soon.
If Earth's mass be m, gravitation be g,
The product must equal indeed
Moon's distance from Earth (cancel out the moon's mass)
Multiplied by the square of its speed.

3 Geldwechseln beim Einkauf

Klein Mary hatte eine 50-Cent Münze geschenkt bekommen. Sie möchte sich davon Verschiedenes kaufen. Nach dem Einkauf macht sie auf dem Heimweg eine Reihe überraschender Feststellungen: (1) Sie hatte die 50-Cent restlos ausgegeben. (2) Für keinen der Einkäufe außer natürlich den letzten, hatte sie den exakten Kaufpreis, und (3) jeder Kaufmann hatte so gewechselt und „herausgegeben", daß Mary nach jedem Einkauf so wenig Münzen wie möglich zurückbehielt (kostete also etwas z. B. 4 Cent, so wechselte der Händler (falls möglich) ein 5 Cent-Stück statt 10 Cent). (4) Sie hatte unter diesen Bedingungen die größtmögliche Zahl von Einkäufen gemacht.

Wieviele Einkäufe hatte Mary gemacht?

(Es gibt folgende Münzsorten:)

Deutlicher als bei manch anderem Problem, das wir im Dial veröffentlichen, kommt bei dieser Aufgabe die Lust des mathematischen Interessierten zum Ausdruck, das Problem über die vorgegebene Frage hinaus weiter zu bearbeiten und damit auch die Vorstellungen des Problemverfassers weit zu übertreffen. Das vorliegende Problem gab unseren Lesern nicht nur einen kräftigen mathematischen Ansporn, zwei von ihnen dachten sich darüber hinaus interessante Varianten der Aufgabe aus.

Lösung. Ein Leser, der nur eine Lösung der Aufgabe gefunden hatte, schrieb uns: „Klein Mary machte 11 Einkäufe: (1) $50 - 5 = 25 + 10 + 10$; (2) $45 - 5 = 25 + 10 + 5$; (3) $40 - 4 = 25 + 10 + 1$; (4) $36 - 5 = 25 + 5 + 1$; (5) $31 - 4 = 25 + 1 + 1$; (6) $27 - 5 = 10 + 10 + 1 + 1$; (7) $22 - 5 = 10 + 5 + 1 + 1$; (8) $17 - 4 = 10 + 1 + 1 + 1$; (9) $13 - 5 = 5 + 1 + 1 + 1$; (10) $8 - 4 = 1 + 1 + 1 + 1$; (11) $4 - 4 = 0$.

Der springende Punkt ist, daß man das Wechseln in Pennies möglichst hinausschiebt."

Ein anderer Leser nahm die Aufgabe auf breiterer Form in Angriff und erzielte dadurch mehrere Lösungen. Er schrieb: „Als Mary ihre 50 Cent ausgegeben hatte, hatte sie 11 Einkäufe gemacht. Die kleinste Münze, die noch weiter gewechselt werden kann, ist der Nickel (Fünfcentstück). Der ursprüngliche Betrag von 50 Cent entspricht 10 Nickel. Bei jedem Einkauf muß ein Nickel „angebrochen" werden. Nach 10 solchen Einkäufen bleibt für den elften weniger als 1 Nickel übrig. Natürlich ist dadurch nicht bestimmt, wie teuer jeder einzelne Einkauf ist;

andererseits können die Preise der Einkäufe nicht völlig beliebig sein, und es bestehen gewisse Abhängigkeiten zwischen den Preisen. Der entscheidende Gedanke ist, daß bei jedem Einkauf ein Nickel angebrochen werden muß. Damit erhält man verschiedene Möglichkeiten für Marys Geldausgabe:

(1)   5, 5, 4, 5, 4, 5, 5, 4, 5, 4, 4.
(2)   4, 5, 2, 8, 4, 4, 7, 4, 4, 4, 4.
(3)   3, 7, 4, 3, 4, 6, 8, 4, 5, 4, 2.

Ein poetischer Leser faßte seine Lösung in Gedichtform.

> Little Mary quite contrary,
> How does your money go?
> It's nickels here and 4 pence there,
> ELEVEN sales in a row.
> Two nickels, 4 cents, 5 cents more,
> And then another 4;
> Repeat the same, and suddenly
> There's only 4 to go.
> Contrariwise the start could be
> A 4- or 3-cent prize,
> But naught is gained in total sales
> 'Cause Mary shot "snake eyes."

Obwohl in der nächsten Lösung der Einsender das Problem nur für den Anfangsgeldbetrag von 50 Cents bearbeiten wollte, fallen durch die Lösungsmethode des Rückwärtsarbeitens sämtliche Resultate auch für Anfangsgeldbeträge bis 50 Cents ab. Damit wird auch der rechte Teil der Tabelle in Bild 10 erneut bestätigt.

„Das 50-Cent Problem löst man am einfachsten durch Rückwärtsarbeiten. Auf die Zahl von 11 Einkäufen komme ich so: Für jeden Restgeldbetrag beginnend mit 1 Cent wird die Maximalzahl von Einkäufen bestimmt, die man mit diesem Betrag machen kann.

Die entsprechenden Möglichkeiten sind in Fig. 11 zusammengestellt. In Gruppe 1 haben wir 1, 2, 3, 4 Cents; bisher kann nur ein einziger Einkauf gemacht werden. In Gruppe 2 haben wir 5, 6, 7, 8 Cents; durch höchstens 1 Einkauf landet man in Gruppe 1 usw. Gewisse Restbeträge, wie 9, 10, 19, 25, 34, 35, 44 Cents müssen, wie angedeutet, vermieden werden, weil entweder zu wenige Einkäufe gemacht werden können, um zu diesen Restbeträgen zu kommen oder es können zu wenige Einkäufe gemacht werden, um diese Restbeträge auszugeben.“

Guthaben		Ausgabe	Rest	n	Guthaben		Ausgabe	Rest	n
max	min	bis	genau		max	min	bis	genau	
99	95	6	93	20	49	45	6	43	10
94		20	74	16	44		20	24	6
93	90	4	89	19	43	40	4	39	9
89	85	6	83	18	39	35	6	33	8
84		10	74	16	34		10	24	6
83	80	4	79	17	33	30	4	29	7
79	75	5	74	16	29	25	5	24	6
74	70	6	68	15	24	20	6	18	5
69		20	49	11	19		19	0	1
68	65	4	64	14	18	15	4	14	4
64	60	6	58	13	14	10	6	8	3
59		10	49	11	9		9	0	1
58	55	4	54	12	8	5	4	4	2
54	50	5	49	11	4	1	4	0	1

Bild 10

Die folgende Lösung zeichnet sich besonders durch ihren Grad an Allgemeinheit aus. Zur Ermittlung der Anzahl von Einkäufen kommt man ohne Kenntnis einer Folge von ausgegebenen Geldbeträgen (d. h. die Preise der 11 Waren) aus. Das Lösungsverfahren kann auf andere Startbeträge — statt 50 Cent — übertragen werden.

Die Lösung: „Jeder Einkauf, außer dem letzten, muß um mindestens 1 Cent teurer sein als Mary *vor* diesem Einkauf 1 Centstück in Händen hat. Für jeden solchen Einkauf muß also mindestens eine 5-Centmünze oder der äquivalente Betrag bezahlt werden; ein Vierteldollarstück (25 ¢) wird dann z.B. durch zwei 10-Centstücke ersetzt. Steht also anfangs der Geldbetrag m (hier m = 50) zur Verfügung, so erhält man für die Maximalzahl n von Einkäufen $n = \left[\frac{m}{5}\right]$, dabei ist $\left[\frac{m}{5}\right]$ der ganzzahlige Teil von $\frac{m}{5}$ (Stellen hinter dem Komma in der Dezimalbruchentwicklung von $\frac{m}{5}$ werden „vergessen"). Die zusätzliche 1 kommt durch „Randeffekte" so zustande: der erste Einkauf liegt im Preis zwischen 1 und 5 Cent, außer für Anfangsgeldbeträge, die 4 Pennies und 1 Nickel enthalten, der letzte Einkauf kostet höchstens 4 Cents. Für m = 50 erhält man so n = 11, vgl. die Tabelle in Bild 10, in der alle Anfangsgeldbeträge bis 99 Cents zusammengestellt sind."

12

Betrag in Cents	Restbetrag vor dem nächsten Kauf					Max Zahl von Käufen	Betrag in Cents	Restbetrag vor dem nächsten Kauf					Max Zahl von Käufen
	50¢	25¢	10¢	5¢	1¢			50¢	25¢	10¢	5¢	1¢	
1	0	0	0	1	1	1	26	0	1	0	0	1	6
2	0	0	0	0	2	1	27	0	1	0	0	2	6
3	0	0	0	0	3	1	28	0	1	0	0	3	6
4	0	0	0	0	4	1	29	0	1	0	0	4	6
5	0	0	0	1	0	2	30	0	1	0	1	0	7
6	0	0	0	1	1	2	31	0	1	0	1	1	7
7	0	0	0	1	2	2	32	0	1	0	1	2	7
8	0	0	0	1	3	2	33	0	1	0	1	3	7
*9	0	0	0	1	4	1	*34	0	1	0	1	4	6
*10	0	0	1	0	0	3	*35	0	1	1	0	0	8
11	0	0	1	0	1	3	36	0	1	1	0	1	8
12	0	0	1	0	2	3	37	0	1	1	0	2	8
13	0	0	1	0	3	3	38	0	1	1	0	3	8
14	0	0	1	0	4	3	39	0	1	1	0	4	8
15	0	0	1	1	0	4	40	0	1	1	1	0	9
16	0	0	1	1	1	4	41	0	1	1	1	1	9
17	0	0	1	1	2	4	42	0	1	1	1	2	9
18	0	0	1	1	3	4	43	0	1	1	1	3	9
*19	0	0	1	1	4	1	*44	0	1	1	1	4	6
20	0	0	2	0	0	5	45	0	1	2	0	0	10
21	0	0	2	0	1	5	46	0	1	2	0	1	10
22	0	0	2	0	2	5	47	0	1	2	0	2	10
23	0	0	2	0	3	5	48	0	1	2	0	3	10
24	0	0	2	0	4	5	49	0	1	2	0	4	10
*25	0	1	0	0	0	6	50	1	0	0	0	0	11

Bild 11

Zusatzaufgabe

Zum krönenden Abschluß der Aufgabe bringen wir die originelle Aufgabenvariante von Mr. Norton. Nach Lösung des ursprünglichen Problems ermittelte er sämtliche möglichen Folgen von ausgegebenen Geldbeträgen zum Ausgangsbetrag von 50 Cents. Sodann forderte er die Leser durch die folgende Aufgabe auf, es ihm gleich zu tun: „Wieviele Mädchen mit je einem 50-Centstück könnten gemäß den obigen

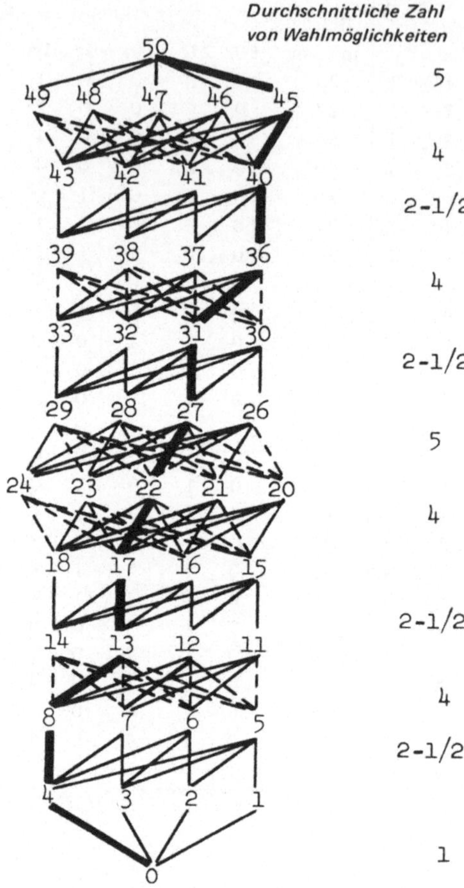

Bild 12

vier Regeln einkaufen, so daß sich verschiedene Folgen der 11 ausgegebenen Geldbeträge ergeben. Bei der recht beträchtlichen Zahl solcher
Folgen erstaunt es, daß eine Vielzahl von Lesern die gleiche Folge
(5, 5, 4, 5, 4, 5, 5, 4, 5, 4, 4) in ihren Lösungen angegeben hatten. Die
Chance dafür ist außerordentlich klein.

Lösung. Vom gleichen Leser, der uns seinerzeit die Lösung auf die ursprüngliche Aufgabe in Gedichtform mitteilte, erhielten wir die Antwort: „Die Tabelle (in Bild 11) enthält die 11 Stufen über die jede 11er Folge von ausgegebenen Geldbeträgen laufen muß. Regel 2 schließt allerdings die Restgeldbeträge 44, 35, 34, 25, 19, 10, 9 aus. Beim ersten Einkauf gibt es 5 Möglichkeiten für Restgeldbeträge (49, 48, 47, 46, 45); für jeden dieser 5 Möglichkeiten gibt es auf der nächsten Stufe 4 Möglichkeiten (vgl. Bild 12). In der nächsten Stufe gibt es je 1 bis 4 Möglichkeiten, d. h. im Durchschnitt 2,5.

Insgesamt haben wir $5 \cdot 4 \cdot 2,5 \cdot 4 \cdot 2,5 \cdot 5 \cdot 4 \cdot 2,5 \cdot 4 \cdot 2,5 \cdot 1 = 250\,000$ Möglichkeiten.

Die Folge 5, 5, 4, 5, 4, 5, 5, 4, 5, 4, 4 ist dadurch ausgezeichnet, daß bei Beachtung von Regel 3 jeder Einkauf (mit Ausnahme der letzten) mit genau einer Münze bezahlt werden kann. Das erklärt auch das häufigere Auftreten dieser Folge. (Der ihr entsprechende Pfad ist in Bild 12 fett eingezeichnet.)

4 Bierdeckelgeometrie

Johnny spielt mit einem Bierdeckel und zeichnet damit einen Kreis auf ein Blatt Papier. Danach markiert er einen Punkt A auf dem Kreis. Euklidchen, der ihn dabei beobachtet, meint: „Kannst du allein mit Hilfe deines Bierdeckels den zu A diametral gelegenen Punkt B bestimmen? Du darfst den Bierdeckel jedoch nur in der Weise verwenden, daß mit ihm durch zwei gegebene Punkte ein Kreis gezeichnet wird." Diese Aufgabe ist schwieriger, als man auf den ersten Blick vermutet.

Lösung. Wir benutzen folgende einfache Tatsache: Schneiden sich zwei Kreise mit Mittelpunkten O_1, O_2 und gleichen Radien in den Punken P und Q (Bild 13), dann bilden die vier Radien $O_1 P$, $P O_2$, $O_2 Q$ und $O_1 Q$ eine Raute. Gegenüberliegende Seiten, etwa $O_1 P$ und $O_2 Q$ sind dann natürlich paralell.

Nun gehen wir von Johnny's Kreis mit Mittepunkt O_1 und Punkt A auf der Peripherie aus und zeichnen mit dem Bierdeckel 4 weitere gleich große Kreise (Bild 14), auf die wir unsere Vorüberlegung anwenden.

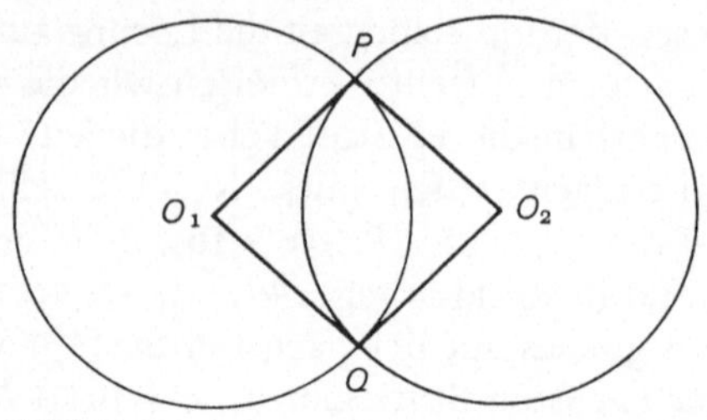

Bild 13

Ein zweiter Kreis mit Mittelpunkt O_2 wird durch A gelegt und schneidet den ersten im Punkt Q. Dann ist $O_1 A = O_2 Q$ und $O_1 A \parallel O_2 Q$.

Ein dritter Kreis mit Mittelpunkt O_3 wird durch Q gelegt und schneidet den zweiten ein weiteres Mal in R. Dann ist $O_2 Q = Q_3 R$ und $O_2 Q \parallel O_3 R$.

Ein vierter Kreis mit Mittelpunkt O_4 wird durch R so gelegt, daß er den ersten Kreis in T und den dritten Kreis in S schneidet. Dann ist $O_3 R = O_4 S$ und $O_3 R \parallel O_4 S$.

Ein fünfter Kreis mit Mittelpunkt O_5 wird durch S und T so gelegt, daß er den ersten Kreis in einem Punkt B schneidet. Dann ist $O_4 S = O_5 T$ und $O_4 S \parallel O_5 T$; außerdem ist $O_5 T = O_1 B$ und $O_5 T \parallel O_1 B$.

Insgesamt haben wir also: $O_1 A = O_1 B$ und $O_1 A \parallel O_1 B$, d. h. B liegt auf dem ersten Kreis diametral zu A.

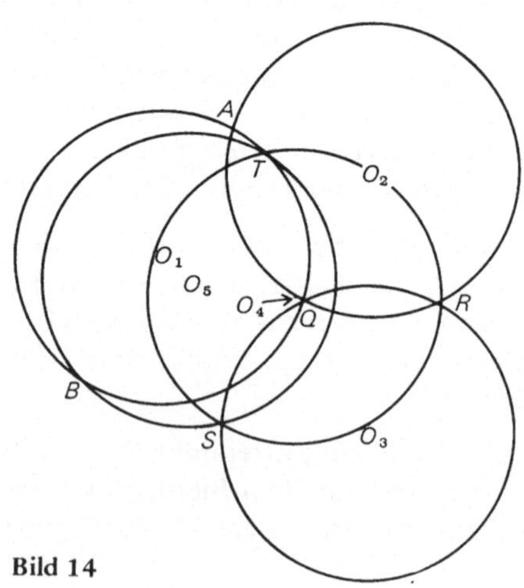

Bild 14

16

Viele unserer Leser versuchten, sich berührende Kreise zu zeichnen, obwohl diese Operation von Euklidchen ausdrücklich ausgeschlossen worden war. Legt man zwei mit dem Bierdeckel zu zeichnende Kreise nur aneinander, so ist natürlich die Zeichengenauigkeit ziemlich schlecht. Dies führt aber auf folgendes Problem: Gegeben ist ein Bierdeckelkreis und ein Punkt P auf seinem Rand. Konstruiere mit Hilfe des Bierdeckels einen weiteren Kreis, der den ersten in P berührt. Andere Leser versuchten, durch Messen oder sogar durch Falten weiterzukommen. All diese Methoden setzten sich jedoch über das von Euklidchen vorgegebene Konstruktionsverfahren hinweg.

5 Mathematik am Briefmarkenautomat

In einem Automaten sind Briefmarken zu drei und vier Cent erhältlich. Jeder Geldbetrag außer 1, 2, 5 Cents kann — wenn nur genügend Münzen vorhanden sind — in Briefmarken umgesetzt werden.

Wie sieht es aus, wenn der Automat Briefmarken zu m und n Cent enthält?

Dieses Problem läßt sich leicht mit zahlentheoretischen Mitteln lösen, die jedem professionellen Mathematiker bekannt sind. Umso glücklicher waren wir, daß viele unserer Leser diese Aufgabe „zu Fuß", d. h. ohne besondere Hilfsmittel bewältigten.

Lösung. „Wenn m und n einen gemeinsamen Teiler ungleich eins haben, gibt es unendlich viele Werte, die nicht in Briefmarken umgewechselt werden können.

Haben m und n nur den gemeinsamen Teiler 1, dann mache ich mir am Beispiel m = 4, n = 7 klar, daß jede Zahl als Summe von Vielfachen von 4 und 7 dargestellt werden kann. Dies sieht man an folgenden Gleichungen.

$$4a + 0 = 4a$$
$$4a + 1 = 4 (a - 5) + 3 \cdot 7$$
$$4a + 2 = 4 (a - 3) + 2 \cdot 7$$
$$4a + 3 = 4 (a - 1) + 1 \cdot 7 \qquad a = 0, 1, 2, \ldots$$

Sie kommen so zustande: Multipliziere 7 mit einer Zahl kleiner als 4 und subtrahiere von diesem Produkt das größtmögliche Vielfache von 4. Die Differenz ist dann der zweite Term auf der linken Seite der Gleichung. Der Multiplikator von 4 ist das zweite Glied in der Klammer rechts.

Aus den Randbedingungen der Aufgabe — positive Geldbeträge — geht hervor, daß die den Klammern entsprechenden Zahlen alle größer oder gleich Null sein müssen. Die zweite Gleichung ergibt daher 5 Ausnahmewerte (von 0 bis 4), die dritte ergibt 4 und die letzte Gleichung 2. Zusammen haben wir also 9 Ausnahmewerte; dies entspricht bis aufs Vorzeichen der Summe der zweiten Glieder in den Klammern, d. h. 5 + 3 + 1. Dieser Schluß läßt sich auch allgemein fassen.
Wir betrachten die Gleichung
$am + b = m (a - c) + b' \cdot n$ mit $b < m$ und $b' < m$, woraus sich
$c = \dfrac{b' n - b}{m}$ ergibt.
Nun Summieren wir alle Werte von c:

$$\sum c = \frac{n}{m} \sum b' - \frac{1}{m} \sum b$$

Wegen $\sum b = \sum b' = 1 + 2 + \ldots + (m - 1) = \dfrac{m (m - 1)}{2}$ ist

$$c = \frac{n (m - 1)}{2} - \frac{(m - 1)}{2} = \frac{(n - 1) (m - 1)}{2}.\text{``}$$

Die folgende Lösung kommt auf etwas anderem Wege zum Ziel: „Wir nehmen an, die Zahlen m und n seien teilerfremd und $m > n$. Haben m und n dagegen einen gemeinsamen Teiler $d \neq 1$, so können zusätzlich zu den unten berechneten Werten alle die Geldbeträge g nicht in Briefmarken umgesetzt werden, die d nicht als Teiler haben (d. h. $d \neq g$).
Nun betrachten wir folgende Tabelle

	1	2	3	...	n
0	1	2	3	...	n
1	n + 1	n + 2	n + 3	...	2 n
2	n + 2	2 n + 2	3 n + 3	...	3 n
.
.
.

Die Geldbeträge in der letzten (n-ten) Spalte sind alle in Briefmarken einlösbar. Die Zahlen m, 2m, ... (n − 1)m erscheinen in der a_q-ten Zeile und b_q-ten Spalte, wobei $qm = a_q n + b_q$ mit $1 \leqslant b_q \leqslant n - 1$. Da m und n teilerfremd sind, bestehen die Zahlen $b_1, b_2, \ldots b_{n-1}$ aus den natürlichen Zahlen 1, 2, ..., n − 1 in irgendeiner Reihenfolge. Jede der Zahlen m, 2m, ..., (n − 1) m erscheint daher in genau einer der ersten n − 1 Spalten. Die Zahl qm und alle nachfolgenden Werte qm + pn einer solchen Spalte können in Briefmarken eingelöst werden, nicht hingegen die a_q Werte, die kleiner als 2m sind.

Die Gesamtzahl der nicht einlösbaren Werte ist also $\sum\limits_{q=1}^{k-1} a_q$. Mit

Hilfe von $\sum\limits_{q=1}^{n-1} b_q = 1 + 2 + \ldots + (n - 1) = \dfrac{n\,(n-1)}{2}$ kann man zeigen

$$\sum_{q=1}^{n-1} a_q = \frac{(m-1)\,(n-1)}{2} \quad (*).$$

Sind m, n nicht teilerfremd und haben den größten gemeinsamen Teiler d, so gehen wir zu den teilerfremden Zahlen $m_1 = \dfrac{m}{n}$, $n_1 = \dfrac{n}{d}$ über und wenden darauf die Formel $(*)$ an.

Zum Vergleich noch eine dritte Lösung:

$$
\begin{array}{ccccccc}
1 & 2 & 3 & \cancel{4} & 5 & 6 & \cancel{7} \\
\cancel{8} & 9 & 10 & \cancel{11} & \cancel{12} & 13 & \cancel{14} \\
\cancel{15} & \cancel{16} & 17 & \cancel{18} & \cancel{19} & \cancel{20} & \cancel{21} \\
\cancel{22} & \cancel{23} & \cancel{24} & \cancel{25} & \cancel{26} & \cancel{27} & \cancel{28}
\end{array}
$$

Wir beginnen mit 1 und schreiben je n aufeinander folgende Zahlen in eine Reihe. Insgesamt werden m Reihen (m < n) gefüllt. Obige Tabelle stellt den Fall m = 4, n = 7 dar.

Alle Werte, die in Briefmarken eingelöst werden können, sind durchgestrichen. Es sind dies 1) die Vielfachen von n (letzte Spalte), 2) die übrigen n − 1 Vielfachen von m (hier: 4, 8, 12, 16, 20, 24) und 3) sämtliche Zahlen, die in einer Spalte unterhalb eines bereits durchgestrichenen Vielfachen von m stehen. Man erhält diese Zahlen auch dadurch, daß zu dem betreffenden Vielfachen von m ein geeignetes Vielfaches von n addiert wird. Sind m und n teilerfremd, dann enthält jede Spalte der Tabelle eine angekreuzte Zahl. Somit sind alle Zahlen, die größer sind als die in der Tabelle vorkommenden, einlösbar. Es geht also in der Aufgabe darum, die Anzahl der nicht durchgestrichenen Zahlen in der Tabelle zu bestimmen. Wenn m und n nicht teilerfremd sind, so gibt es Spalten, die gar keine durchgestrichene Zahl enthalten; es gibt dann unendlich viele nicht durchgestrichene Zahlen.

Um nun im endlichen Fall etwas über die Anzahl der nicht durchgestrichenen Zahlen sagen zu können, gehen wir so vor. Wir betrachten ein bestimmtes Vielfaches von m, etwa 24. In der dritten Spalten stehen über 24 drei nicht durchgestrichene Zahlen; dies ist aber gleich der Anzahl der Zeilen über 24 (24 steht in der vierten Zeile).

Da in jeder Zeile 7 Zahlen stehen, gibt es $\left[\dfrac{24}{7}\right] = 3$ Reihen über 24 (bei der Bildung des durch „[x]“ angedeuteten Ganzteils einer Zahl x, werden die Stellen nach dem Komma in der Dezimalbruchentwicklung von x „abgeschnitten“, z. B. $\left[\dfrac{7}{2}\right] = [3,5] = 3$, aber $[-3,5] = -4$).

Allgemein: die Anzahl der nicht durchgestrichenen Zahlen in der Spalte über einem Vielfachem mi von m ist demnach $\left[\dfrac{mi}{n}\right]$.

Insgesamt gibt es in der Tabelle $\sum\limits_{i=1}^{i=n-1}\left[\dfrac{mi}{n}\right]$ (*) nicht durchgestrichene Zahlen. Wegen $m < n$ ist der erste Term in dieser Summe gleich Null, damit vereinfacht sich (*) zu $\sum\limits_{i=2}^{i=n-1}\left[\dfrac{mi}{n}\right]$.

Für $m = 4$, $n = 7$ ergibt sich speziell $\left[\dfrac{2\cdot 4}{7}\right] + \left[\dfrac{3\cdot 4}{7}\right] + \left[\dfrac{4\cdot 4}{7}\right] + \left[\dfrac{5\cdot 4}{7}\right] + \left[\dfrac{6\cdot 4}{7}\right] = 1 + 1 + 2 + 2 + 3 = 9$ (vgl. Tabelle). Durch die Summe (*) wird zwar die uns interessierende Anzahl der nicht durchgestrichenen Zahlen in der Tabelle korrekt wiedergegeben, doch ist dieser Ausdruck für die praktische Berechnung ziemlich unhandlich gegenüber der Formel $\dfrac{(n-1)(m-1)}{2}$ aus der ersten Lösung.

Aus den bisherigen Lösungen ergibt sich auch, daß bei 3- und 4-Cent Briefmarken genau 3 Geldbeträge nicht in Briefmarken umgesetzt werden können.

6 Die gekreuzten Leitern

„In einer Gasse lehnen zwei gekreuzte Leitern gegebener Länge (20 ft, 30 ft); der Kreuzungspunkt liegt 8 ft über dem Boden. Wie breit ist die Gasse (Bild 15)?" Diese Aufgabe hat schon viele Liebhaber der Mathematik gefesselt. In unserem Buch "Ingenious Mathematical Problems and Methods" haben wir uns auch schon damit beschäftigt, Wir erhielten daraufhin eine ganze Reihe überraschender Lösungen, die im Gegensatz zu unseren Vorschlagen die Struktur des Problems in einem viel deutlicheren Licht erscheinen lassen.

Als wir die Aufgabe erneut im Dial brachten, fühlten wir uns verpflichtet, die Leser an unsere Devise zu erinnern „Von keiner Lösung kann man sagen, daß sie die allerbeste sei; eine Lösung ist immer nur die beste bis zu einem gewissen Zeitpunkt."

Im Mittelpunkt der ersten Lösungen der Leiteraufgabe — sie wurde 1947 veröffentlicht — stand die Bestimmung von Wurzeln einer biquadratischen Gleichung. Dazu wurden Approximationsverfahren, rekursive Verfahren, graphische Methoden oder spezielle Verfahren der Numerik verwendet.

Die Lösung, die uns 14 Jahre später zuging, läuft darauf hinaus, einen trigonometrischen Wert in der Zahlentafel aufzusuchen und diesen in eine einfache Gleichung einzusetzen.

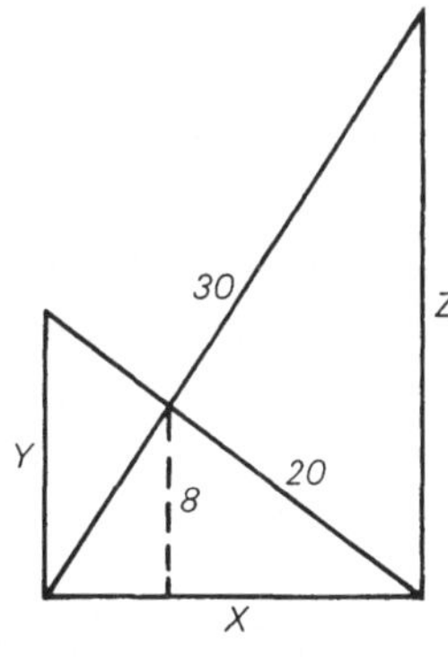

Bild 15

Wir besprechen jetzt diese Lösung; legen Sie sich also bitte eine Trigonometrische Tafel oder Ihren Taschenrechner bereit!

Lösung: Sind c und d der linke bzw. rechte Abschnitt der gesuchten Strecke x, so erhalten wir über die Ähnlichkeit von Dreiecken (Bild 15): $z = \frac{8x}{c}$, $y = \frac{8x}{d}$. Hieraus erhalten wir: $z + y = \frac{8x^2}{cd}$ und $zy = \frac{64x^2}{cd} = 8\,(z + y)$. Aus den rechtwinkligen Dreiecken der Figur ergibt sich $900 - z^2 = 400 - y^2$ und hieraus $z^2 - y^2 = 500$. Interpretieren wir die letzte Beziehung an einem geeigneten rechtwinkligen Dreieck (Bild 16) geometrisch, so ergibt sich $\cos\,\alpha + \cot\,\alpha = \frac{\sqrt{500}\,(z + y)}{zy}$. Mit $zy = 8\,(z + y)$ erhalten wir hieraus $\cos\alpha + \cot\alpha = \frac{\sqrt{500}}{8} = 2{,}7951$.

Nun brauchen wir nur noch in der trigonometrischen Tafel einen Winkel herauszusuchen, dessen Kosinus und Kotangens sich zu 2,7951 addiert. Wir erhalten näherungsweise $\alpha = 27°\,38'\,30''$.

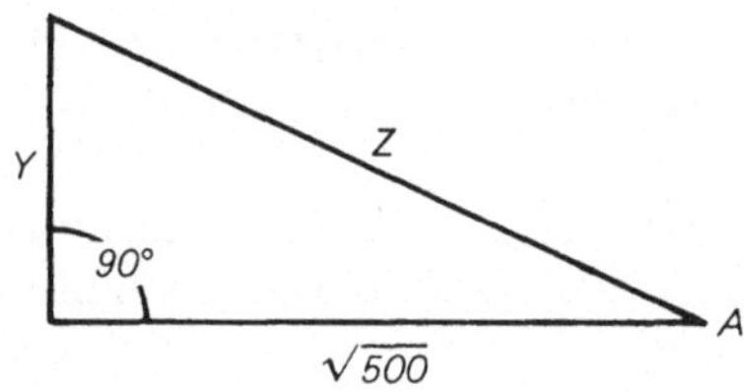

Bild 16

Damit ergibt sich $z = \frac{\sqrt{500}}{\cos\alpha} = 25{,}24$ und $x = \sqrt{900 - (25{,}24)^2} = 16{,}2$.

Auch diese Lösung kann noch weiter vereinfacht werden. Ein Leser schrieb uns „Die Figur (Bild 15) kann als Nomogramm für die Beziehung $\frac{1}{z} + \frac{1}{y} = \frac{1}{8}$ gedeutet werden. Zusammen mit $\cos\,\alpha + \cot\,\alpha = \frac{\sqrt{500}}{z} + \frac{\sqrt{500}}{y}$ ergibt sich $\cos\,\alpha + \cot\,\alpha = \frac{\sqrt{500}}{8} = 2{,}7951$. Hieraus berechnet man $x = 16{,}2$ wie oben.

Der aufmerksame Leser wird sich erinnern, daß wir der Gleichung $\frac{1}{z} + \frac{1}{y} = \frac{1}{t}$ in Verbindung mit Nomogrammen bereits in der ersten Aufgabe begegnet waren.

7 Die unaufmerksame Sekretärin

Eine Sekretärin sollte eine Aufgabe tippen. In der Aufgabe wurde das Produkt von drei dreistelligen Zahlen gebildet, von denen jede die gleichen Ziffern a, b, c enthielten, nur in anderer Reihenfolge: abc, bca, cab. Beim Schreiben des Produkt-Resultats 234235286 unterlief der Fehler: nur die Endziffer 6 ist korrekt; die anderen Ziffern sind durcheinander geraten. Wie lautet das richtige Resultat?

Lösung. Eine Reihe unterschiedlicher Lösungen sind hier möglich. Bei den Ansätzen, die ohne gelehrte zahlentheoretische Überlegungen auskommen, geht es in erster Linie darum, das Durchprobieren verschiedener Fälle möglichst sparsam zu gestalten.

Wir bringen nun zwei solcher interessanter Probier-Lösungen.

„Um unter den gegebenen Bedingungen ein 9-stelliges Produkt zu erhalten, muß mindestens eine der Ziffern der Faktoren größer als 4 sein; keine der Ziffern kann aber 5 sein, da sonst das Resultat die Endziffer 0 oder 5 statt 6 enthielte. Für den Faktor abc (und damit sind auch die anderen Faktoren bestimmt) kommen nur folgende Fälle in Betracht: 983, 972, 964, 876, 871, 843, 763, 742, 632; nur sie ergeben im Produkt die Einerziffer 6. (Bemerkung: das Querprodukt dieser Zahlen, d. h. das Produkt aus ihren Ziffern hat die Einzerziffer 6!) An dieser Stelle hilft nur noch Probieren weiter. Da das Produkt sicher größer ist als $22 \cdot 10^7$ und einige der kleineren Zahlen der obigen Reihe nur ein 8-stelliges Produkt liefern, probierte ich die erste Zahl aus. Das Glück war mir hold:

$983 \cdot 839 \cdot 398 = 328\,245\,326.$"

Bei der nächsten Lösung wird das Probieren noch weiter eingeschränkt; stattdessen muß man routinierter im Umgang mit Neunerresten (Quersumme) sein.

„Multipliziert man drei Zahlen mit gleichen Ziffern, so hat das Resultat den gleichen Neunerrest, wie die dritte Potenz der Quersumme einer der drei Zahlen (bzw. die dritte Potenz des Neunerrests der Quersumme einer der drei Zahlen). Der Neunerrest des falschen Ergebnisses 234 235 286 ist 8. Die Quersumme muß demnach den Neunerrest 2, 5 oder 8 haben. Wenn wir noch die Einerziffer 6 des Produkts berücksichtigen, so kommen für abc zunächst folgende Zahlen in Frage: 821, 941, 632, 983. Da das Produkt größer als $222 \cdot 10^6$ ist, scheiden die ersten drei Möglichkeiten aus und es ergibt such als Resultat $983 \cdot 839$ $\cdot 398 = 328\,245\,326.$"

8 Tic-Tac-Toe für Spieler

Die folgende Aufgabe untersucht das Spiel Tic-Tac-Toe (Drei Kreuze in einer Linie) unter wahrscheinlichkeitstheoretischen Gesichtspunkten. Es geht darum, die Chance des ersten Spielers für Gewinn, Verlust oder Unentschieden herauszufinden, wenn das Spiel als reines Glücksspiel aufgefaßt wird. Im Unterschied zu der sonst üblichen Version des Spiels sollen also diesmal strategische Überlegungen der beiden Spieler keine Rolle spielen.

Das Spielbrett wird wie in Bild 17 nummeriert und neun von 1 — 9 durchnummerierte Plättchen kommen in eine Schachtel. Nun zieht Spieler A in zufälliger Weise ein Plättchen und setzt dann auf das entsprechende Feld des Spielbretts ein Kreuz „X". Spieler B verfährt genauso; sein Zeichen ist 0.

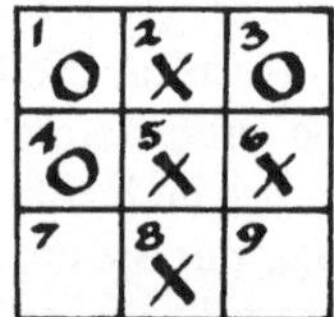

Bild 17

Es gewinnt der Spieler, bei dem drei seiner Zeichen in einer horizontalen, vertikalen oder diagonalen Linie stehen.

Lösung. Wir bringen nun eine sehr ausführliche Lösung eines unserer Leser.

„Zunächst könnte man sich folgendes überlegen: Ist p die Wahrscheinlichkeit des ersten Spielers A beim dritten Zug zu gewinnen, so könnte man versucht sein, die Gewinnchance für B im dritten Zug mit $(1 - p)\,p$ anzusetzen. Beim genaueren Hinsehen stellt sich dieser Ansatz als falsch heraus, da die Gewinnchance von B sich natürlich ändert, sobald bekannt ist, daß A im dritten Zug nicht gewonnen hat.

Um zum korrekten Resultat zu kommen, empfiehlt es sich aus technischen Gründen anzunehmen, daß sämtliche Plättchen gezogen worden sind, selbst wenn bereits vorher der Gewinner feststeht. Es gibt insgesamt $\dfrac{9!}{5!\,4!} = 126$ verschiedene, gleichwahrscheinliche Verteilungen

24

der Plättchen auf die beiden Spieler. In einigen dieser Fälle hat keiner
der Spieler eine 3er Siegreihe, in anderen Fällen hat einer der beiden
Spieler eine Siegreihe und schließlich gibt es Fälle, in denen beide eine
Siegreihe haben. Im letzteren Fall muß die Wahrscheinlichkeit bestimmt
werden, daß A bzw. B seine Siegreihe zuerst erreicht.

Wir betrachten nun Plättchenverteilungen auf dem Spielfeld, denen ein Unentschieden entspricht.

oxo	xox	oox
xox	oox	xxo
xox	xxo	oxx

Nehmen wir noch die Drehungen und Spiegelungen dieser Konfigurationen hinzu, so haben wir alle Möglichkeiten von Plättchenverteilungen für ein Unentschieden,

Um nun die Anzahl solcher Konfigurationen zu bestimmen,
müssen wir — um Mehrfachzählungen zu vermeiden — Symmetrien (bezüglich Spiegelung, Drehung) der obigen Plättchenverteilungen berücksichtigen.

Die erste und zweite Konfiguration ist spiegelsymmetrisch, die
dritte nicht. Die beiden ersten ergeben durch Drehung je 4 Konfigurationen, die dritte durch Drehung und Spiegelung zusammen 8. Insgesamt gibt es also 16 Konfigurationen für Unentschieden.

In analoger Weise ermitteln wir die Anzahl der Konfigurationen, in
denen A, nicht aber B gewinnt.

oxo	xox	xxx	xxx	xoo	xoo
xxx1	oxo1	xoo4	oxo4	xxx4	xxo4
oxo	xox	xoo	oxo	oox	oox
xxo	xxx	xxx	xxx	xoo	xxo
oxx4	oxo8	xoo8	xoo8	xxx8	oxo8
oox	oox	oxo	oox	oxo	xox

Insgesamt haben wir hier 62 solcher Konfigurationen. Weiterhin
gibt es 12 Konfigurationen, in denen B, nicht aber A, gewinnt.

oox	oxo
xox8	xox4
xxo	xxo

Schließlich gibt es noch 36 Konfigurationen, bei denen der Spieler gewinnt, der gerade am Zug ist.

```
xxx    xxx    xox    xxx    xxx    xxo
ooo4   xox4   xxx4   xxo8   ooo8   xxx8
xox    ooo    ooo    ooo    xxo    ooo
```

In jedem dieser 36 Fälle hat jeder Spieler genau eine 3er Reihe. Die Chance, daß A bei seinen ersten drei Versuchen sofort die richtigen Plättchen für eine 3er Reihe zieht, ist $\frac{3!\,2!}{5!} = \frac{1}{10}$; die Chance, daß er verliert und beim letzten Zug eines der drei günstigen Felder besetzt, ist 3 : 5. Somit ist die Chance für A, beim vierten Zug eine 3er Reihe zu vervollständigen $1 - \frac{1}{10} - \frac{3}{5} = \frac{3}{10}$; A gewinnt hier jedoch nur dann, wenn B bei seinem letzten Zug ein für ihm günstiges Feld besetzt (die Wahrscheinlichkeit hierfür ist $\frac{3}{4}$). Die Gewinnchance für A in den angeführten 36 Fällen ist somit $\frac{1}{10} + \frac{3}{10} \cdot \frac{3}{4} = \frac{13}{40}$.

Insgesamt erhalten wir somit folgende Wahrscheinlichkeiten

Unentschieden $\qquad \frac{16}{126} \quad = \frac{8}{63}$

A gewinnt $\quad \frac{62}{126} + \frac{13}{40} \cdot \frac{36}{126} = \frac{737}{1260}$

B gewinnt $\quad \frac{12}{126} + \frac{27}{40} \cdot \frac{36}{126} = \frac{121}{420}$

Das Verhältnis der Wahrscheinlichkeiten beträgt 160 : 737 : 363. Die Gewinnchance von A gegenüber B ist 67 : 33. Wenn um Einsätze gespielt wird und ein Unentschieden ohne Einfluß auf die Gewinnauszahlung ist, so kann man sich beim Spieleinsatz an diesem Verhältnis 67 : 33 orientieren; natürlich sollte bei längerem Spielen darauf geachtet werden, daß die Spieler abwechselnd beginnen."

Eine weitere interessante Lösung:

„Für A gibt es $\binom{9}{5} = 126$ verschiedene Plättchenverteilungen. In 16 Fällen ergibt sich ein Unentschieden. Spieler B muß nämlich in diesen Fällen mindestens eines der Eckfelder besetzen. Zu jeder solchen Besetzung eines Eckfeldes (insgesamt 4 Möglichkeiten) gibt es für die übrigen 3 Plättchen noch 4 Möglichkeiten. In 12 Fällen, wenn nämlich B eine Diagonale vollständig besetzen kann, verliert A. Für jede der beiden Diagonalen gibt es 3! = 6 Möglichkeiten der Besetzung.

26

A verliert außerdem in einigen der 36 Fälle, wenn beide eine besetzte Zeile oder Spalte haben. A kann 6 Zeilen oder Spalten besetzen; für B bleiben dann in jedem dieser Fälle nur noch 2. Zu jeder dieser 12 Möglichkeiten gibt es 3 Möglichkeiten, die verbleibenden 3 Felder zu besetzen. In durchschnittlich 24,3 (von diesen 36) Fällen verliert A. Das ergibt sich so: A gewinnt in den ersten drei der folgenden Spielsituationen $A_3 B_3$, $A_3 B_4$, $A_4 B_4$, $A_4 B_3$, $A_5 B_4$; der Index gibt an, bei welchem Zug eine Zeile oder Spalte von A (bzw. B) besetzt worden ist.

Wenn wir mit $_n P_m$ die Anzahl der m-elementigen Teilmengen einer n-elementigen Menge bezeichnen, so ist die Wahrscheinlichkeit für A in n Zügen zu gewinnen $_n P_3 : {}_5 P_3$; die Wahrscheinlichkeit für B ist $_n P_3 : {}_4 P_3$.

Die beiden ersten für A günstigen Spielsituationen treten mit der Häufigkeit $(_3 P_3 : {}_5 P_3) \cdot 36 = 3,6$ auf.

Die Häufigkeit der dritten Spielsituation $(A_4 B_4)$ beträgt

$$\frac{_4 P_3 - {}_3 P_3}{_5 P_3} \cdot \frac{_4 P_3 - {}_3 P_3}{_4 P_3} \cdot 36 = 8,1$$

Die Gewinnhäufigkeit für A ist daher 11,7, und die Verlusthäufigkeit ist 24,3.

Von den insgesamt 126 Möglichkeiten führen 16 zu einem Unentschieden, in 36,3 Fällen verliert A, in den übrigen 73,7 Fällen gewinnt A. Einfacher ausgedrückt, die Gewinnchance für A gegenüber B ist 67 : 33.''

9 Mathematiker mit Sinn für Humor

In der folgenden Aufgabe geht es um einen humorvollen Mathematiker (das ist für die Lösung wichtig), der verstorben war, und auf einem Zettel die Verteilung seines Geldes hinterlassen hatte. Der Zettel enthielt eine Berechnung, bei der jedoch die meisten Ziffern unleserlich waren (in Bild 18 sind sie durch „x'' dargestellt). Der Dividend ist offensichtlich der hinterlassene Geldbetrag und der Divisor gibt die Anzahl

der Erben an; bei der Division bleibt kein Rest. Wie groß war das hinterlassene Vermögen und unter wieviel Erben mußte es aufgeteilt werden?

xxxxox : xx = xxxx
 xx
 ___

 xxx
 xx1
 ___

  xx   **Bild 18**
  2x
  ___

Lösung. Nachdem mehrere Leser sich vergeblich bemüht hatten,
das Rätsel zu lösen, vermuteten sie, daß der „Humor" des Mathematikers offenbar darin bestand, absichtlich einen Fehler in die Rechnung
einzuschmuggeln. Manche Leser meinten z. B., daß an Stelle der Ziffer
2 eine 9 stehen müßte; in diesem Fall gäbe es zwei Lösungen (Bild 19,
20).

101409 : 33 = 3 073   102508 : 49 = 2 092
 99   98
 ___   ___
 240   450
 231   441
 ___   **Bild 19**   ___   **Bild 20**
  99   98
  99   98
  ___   ___

Ein anderer Leser meinte den Witz der Aufgabe darin zu finden,
daß die Ziffer 0 durch ein Komma ersetzt werden müßte. Man würde
dann die folgende Rechnung erhalten (Bild 21):

8963,9 : 29 = 309,1
87
___
 263
 261
 ___   **Bild 21**
  29
  29
  ___

Die überraschende Lösung dieser Aufgabe ergab sich aus der Annahme, daß der Witz des Mathematikers in einer anderen Wahl der Basis
bestand. Die Division in Bild 18 wurde somit nicht im Zehnersystem,
sondern in einem anderen Stellenwertsystem interpretiert. Einer der
interessantesten Lösungsbeiträge wurde uns auf einer Papierserviette zu-
gesandt (Bild 22). Die Aufgabenlöser schrieben: „Die beiden letzten

Frühstückspausen hatten wir bereits dieser Aufgabe geopfert, als einer
auf die Idee kam, daß die Division nicht im Zehnersystem ausgeführt
worden war. Da die Ziffern 0, 1, 2 in der Rechnung vorkommen, muß
die zugrunde gelegte Basis mindestens 3 sein. Da aber nur im 3er System 2 + 1 = xo gilt, muß die Basis gleich 3 sein. Sicher ist das die Art
von Humor, die man sich von einem gelernten Mathematiker erwartet.“

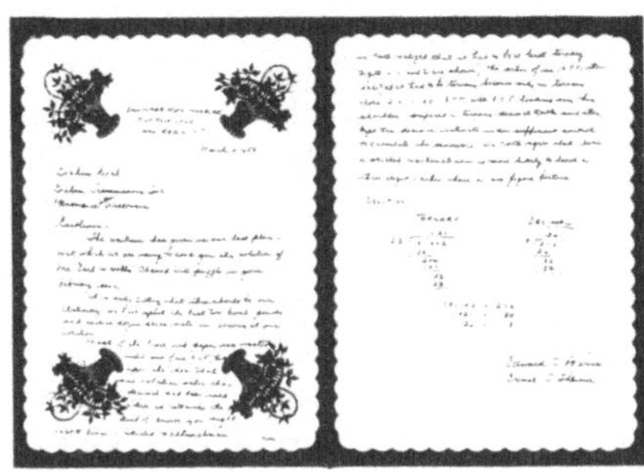

Bild 22

Nachdem die Basis feststand, konnten auch die fehlenden Ziffern
leicht ermittelt werden. Die zweite Ziffer (von links) des Divisionsresul-
tats muß natürlich 0 sein. Das Produkt der dritten Ziffer mit dem zweistelligen Divisor muß xx1, das Produkt der vierten Ziffern des Resultats
mit dem Divisor muß 2x sein. Für die dritte und vierte Ziffer kommt
nur 1, 2 in Frage. Wäre die erste Ziffer des Divisors gleich 1, dann
müßte die zweite Ziffer, um ein dreistelliges Produkt xx1 zu liefern,
gleich 2 sein, im Widerspruch zur ersten Subtraktion, die ein einstelli-
ges Resultat ergibt. Folglich ist der Divisor eine der Zahlen 20, 21 oder
22. Da von diesen Zahlen nur das Produkt von 22 mit 2 ein Resultat der
Form xx1 ergibt, muß der Divisor gleich 22 und damit der Dividend
gleich 1021 sein (Bild 23).

3er System

101002 : 22 = 1 021
<u>22</u>
 200
<u>121</u>
 22
<u>22</u>

Bild 23

10er System

272 : 8 = 34
<u>24</u>
 32
<u>32</u>

Bild 24

29

Einer unserer Leser bemerkte weise: „Ich stimme mit Ihnen völlig überein, daß dieser Mathematiker Sinn für Humor hat. Der Ärger der Erben, ein 6-stelliges Vermögen in bloße 272 Dollars dahinschwinden zu sehen, erscheint ja auch recht witzig. Ich hoffe, daß meine Lösung den $ 120-Preis erhalten wird (120 ist die Darstellung im Dreiersystem des üblichen 15-Dollar Preises)." Diesmal verhielten wir uns humorvoll, strichen die Null und verliehen dem Leser einen 5 Dollar-Trostpreis.

Ein weiteres Problem

Die folgende kryptarithmetische Aufgabe beschäftigt sich ebenfalls mit Stellenwertsystemen mit Basis ungleich 10. Jeder Buchstabe der folgenden Addition vertritt eine Ziffer.

$$\begin{array}{r} U\ N\ I\ T\ E\ D \\ S\ T\ A\ T\ E\ S \\ \hline A\ M\ E\ R\ I\ C\ A \end{array}$$

Die Addition wird im 11er System ausgeführt. Die erforderliche Zusatzziffer sei m. Nach Möglichkeit zeige man auch die Eindeutigkeit der Lösung.

Lösung. Wegen $U + S = AM$ bzw. $U + S + 1 = AM$ ist $A = 1$. Für die Werte von D und S gibt es dann folgende Möglichkeiten:

DS	DS	DS	DS
2 m	4 8	7 5	9 3
3 9	5 7	8 4	m2

Da in all diesen Fällen ein Übertrag erfolgt, gilt $2E + 1 = C$. Nun untersuchen wir für jedes Wertepaar von D, S die möglichen Werte für E, wobei solche Werte ausgeschieden werden, die bereits vorkommen. $E \neq 0$, denn sonst wäre $C = 1$ im Widerspruch zu $A = 1$. Aus gleichem Grund ist $E \neq 1$. Außerdem ist $E \neq m$, denn sonst wäre auch $C = m$. Nun kann für T eine der noch nicht bestimmten Ziffern gewählt werden; I kann aus $2T + 1$ bzw. $2T$ bestimmt werden, je nachdem ob ein Übertrag aus der vorhergegebenen Spalte erfolgt oder nicht. Ähnlich wie vorher, werden all die Werte für I ausgeschieden, die bereits einmal vorkommen. Als nächstes wird R bestimmt; wegen $A = 1$ ist $R = I + 2$ oder $R = I + 1$, je nachdem ob ein Übertrag erfolgt oder nicht. Für R sind nur solche Werte zulässig, die nicht bereits von A, D, S, E, C, T, I besetzt sind. An dieser Stelle bleiben für N nur noch 3 Möglichkeiten, die natürlich von den anderen Werten abhängen. Zur Auswertung von   ·

N + T = E sind diese Werte sowie ein eventueller Übertrag zu berücksichtigen. Es ergeben sich die folgenden 10 konsistenten Werteverteilungen.

A	D	S	E	C	T	I	R	N
1	2	m	4	9	7	3	5	8
1	2	m	5	0	7	4	6	9
1	3	9	5	0	6	2	4	m
1	4	8	2	5	3	6	7	m
1	5	7	9	8	6	2	4	3

A	D	S	E	C	T	I	R	N
1	7	5	9	8	6	2	4	3
1	8	4	2	5	3	6	7	m
1	9	3	5	0	6	2	4	m
1	m	2	4	9	7	3	5	8
1	m	2	5	0	7	4	6	9

Die beiden nicht berücksichtigten Ziffern werden den Buchstaben U und M zugewiesen. Nur die Werte der dritten Zeile erfüllen sämtliche Bedingungen. Damit erhalten wir als einzige Lösung:

$$\begin{array}{r} 8\,m\,2\,6\,5\,3 \\ 9\,6\,1\,6\,5\,9 \\ \hline 1\,7\,5\,4\,2\,0\,1 \end{array}$$

Bevor wir das interessante Gebiet der Stellenwertsysteme verlassen, bitten wir um Aufmerksamkeit für ein Gedicht eines M.I.T. Studenten (Massachusetts Institute of Technology).

A student at old M.I.T.
In expounding two sums in base 3
Caught his Prof. by surprise
When he said, "You surmise
That I am .111111 ... wrong.
It could be!"

Können Sie sagen, wieviel Prozent der Aufgaben der Student richtig hatte?

Bild 25

31

MATHEMATICAL NURSERY RHYME No. 5

Three wise engineers of Graham
Built a craft which they thought could convey 'em.
If the craft had been stronger
The tale would be longer.
Engineers learn that slide rules betray 'em.

MATHEMATICAL NURSERY RHYME No. 6

A measuring worm in one tri
Computed the value of pi
Dividing the rim
By the number of him
Required to reach over the di.

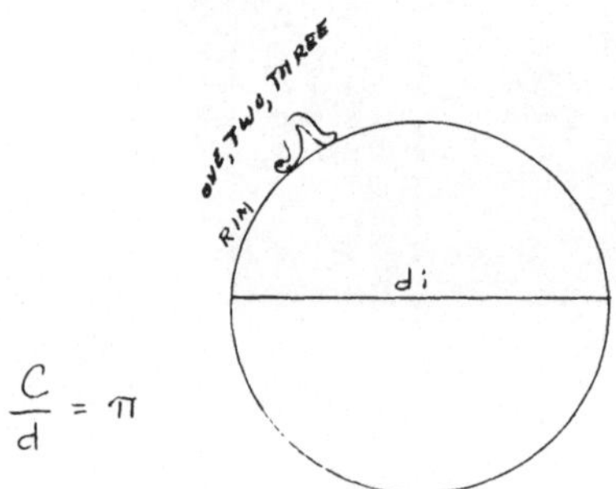

MATHEMATICAL NURSERY RHYME No. 7

Valiant Vanguard in the sky,
Up above the earth so high,
When you fall, your energy
Will dissipate like leaf from tree—
The half em vee squared that you lose
Transforming into BTU's.

MATHEMATICAL NURSERY RHYME No. 8

If I'd as much money as I could spend
I never would cry, "Old chairs to mend."
I'd never be bothered by beams that bend
Under moments that equal I times stress
Divided by h. What happiness,—
If my wealth were more, and the loads were less !

10 Das Finale der vier Vieren

Hobbymathematikern ist die folgende Aufgabe wohl bekannt: „Man finde einen mathematischen Ausdruck, der genau viermal das Zahlzeichen 4 und beliebig andere Operationszeichen wie z. B. $\sqrt{\ }$; !; : ; $-$;, etc. enthält und den Wert 71 hat." Diese Aufgabe läßt eine Reihe verschiedenster Lösungen zu; eine besonders geschickte Lösung ist die folgende:

$$(4! + 4,4) : 0,4 = 71$$

Im Anschluß an diese Aufgabe versuchte einer unserer Leser, Herr Wiggin, durch vier Vieren möglichst viele andere Zahlen außer 71, darzustellen, z. B.

$$4! - 4 - 4 : 4 = 19, \qquad 4(4!) + 4 : 4 = 97$$

Etwa die Hälfte der Zahlen zwischen 1 und 100 konnten auf diese Weise gewonnen werden.

Ein anderer Leser trieb das Spiel noch weiter. Mit Ausnahme von 53, 67, 73, 77, 78, 79, 82, 87, 91, 93, 99 konnte er alle übrigen Zahlen von 1 bis 100 durch vier Vieren darstellen. Einige besonders interessante Beispiele:

$$4! + 4^{4-4} = 25, \quad 4! + 4! : 0,4 \cdot 4 = 39, \quad (4! + 0,4) \, 4 + 0,4 = 98$$

Herr Wiggin nahm diese Herausforderung an und es gelang ihm, eine Formel zu finden mit deren Hilfe jede natürliche Zahl N in geeigneter Weise durch vier Vieren dargestellt werden kann.

Können auch Sie solch eine Formel entdecken?

Ein Hinweis — wenn Sie ihn nicht benutzen wollen, hören Sie jetzt zu lesen auf — man benutze ineinander geschachtelte Wurzeln.

Lösung. Um das Finale der faszinierenden Geschichte der vier Vieren zu zelebrieren, nutzen wir den oben gegebenen Hinweis für den Überraschungsangriff auf unser Problem. Für eine beliebige natürliche Zahl N gilt

$$N = -\log_{\sqrt{4}} \log \sqrt{4\sqrt{\cdot\cdot\sqrt{\sqrt{4 \cdot 4}}}}$$

Durch das gestrichelte Wurzelzeichen soll angedeutet werden, daß die Anzahl der Wurzeln von N abhängt. Ihre Anzahl n beträgt N $+2$. Für N = 3 ist n = 5. Die Werte der 5 sukzessiven Wurzeln aus $4 \cdot 4 = 2^4$ sind der Reihe nach: 2^2, 2^1, $2^{1/2}$, $2^{(1/2)^2}$, $2^{(1/2)^3}$. Der Logarithmus zur Basis $\sqrt{4} = 2$ des letzten Terms ist $\left(\frac{1}{2}\right)^3$. Wird davon erneut der Logarithmus zur Basis 2 gebildet, so ergibt sich -3; berücksichtigt man schließlich noch das negative Vorzeichen in der obigen Formel, so hat man schließlich N = 3.

Offensichtlich kann diese Methode bei beliebig vorgegebener natürlicher Zahl N angewandt werden.

Im ursprünglichen Problem ging es um die Darstellung der speziellen Zahl 71 durch vier Vieren. Diese Aufgabe wurde durch den am Anfang vorgestellten Ausdruck in cleverer Weise gelöst. Von den mehreren Dutzend eingesandten Lösungen, von denen einige in unserem Buch *Ingenious Mathematical Problems* wiedergegeben sind, war dies wohl die geschickteste. Natürlich ist sie auch viel einfacher als der Weg über 73 Quadratwurzeln. Die Stärke der letzten Lösung liegt aber in ihrer Allgemeinheit, da nun *jede* natürliche Zahl N durch vier Vieren darstellbar ist. Damit dürfte der letzte Vorhang für das Spiel mit vier Vieren gefallen sein.

11 Kodierung für das Tresorschloß

In dieser Aufgabe geht es um ein spezielles elektrisches Schloß, das ein exzentrischer Elektriker für seinen Tresor konstruierte. 6 Lampen, die von 1 bis 6 durchnumeriert waren, konnten jeweils von einem eigenen Schalter betätigt werden. Die Lampen waren (mit Hilfe von Relais) so geschaltet, daß die Betätigung eines Lampenschalters wirkungslos blieb, wenn nicht die Lampe mit der nächst kleineren Nummer eingeschaltet und alle Lampen mit kleineren Nummern abgeschaltet waren. Die erste Lampe (d. h. die Lampe mit Nummer 1) konnte stets an- oder abgeschaltet werden. Wenn alle Lampen brannten, konnte der Tresor geöffnet werden. Wie lange braucht der Elektriker zum Öffnen des Tresors, wenn ein „Zug", d. h. eine Schalterbewegung eine Sekunde dauert? Welche Beziehung besteht allgemein zwischen der Anzahl der Lampen und der Zahl der benötigten Züge? Wie lange würde man bei 9 bzw. 30 Lampen zum Öffnen brauchen?

Lösung. Einer unserer Leser schrieb uns: „Offensichtlich muß der Elektriker etwas mit EDV zu tun haben, da seine Schloßsicherung nach dem Prinzip des zyklischen Gray-Kodes arbeitet. Dies geht bereits aus den ersten Zügen hervor. Mit 1 bzw. 0 bezeichnen wir eine brennende bzw. nicht brennende Lampe. Ferner können wir davon ausgehen, daß die Lampen in einer Reihe angeordnet und von rechts nach links durchnumeriert sind.

Unter den genannten Bedingungen braucht man 42 Sekunden, um das Schloß zu öffnen. Zur allgemeinen Lösung wird der „Zustand" der 6 Lampen durch eine zyklische Binärzahl dargestellt (genau dann steht an der k-ten Stelle von rechts 1, wenn die k-te Lampe brennt, ansonsten 0. Brennen sämtliche Lampen, so haben wir als Kodewort 11 ... 1. Über die zugehörige gewöhnliche Binärzahl 10101 ... erhalten wir die Anzahl der Züge. Ist die Lampenzahl n gerade bzw. ungerade, so ergibt sich aus der Formel über die geometrische Reihe die Anzahl $\frac{2}{3}(2^n - 1)$ bzw. $\frac{2}{3}(2^n + 1)$ von Zügen. Für 9 Lampen sind 341, für 30 Lampen 715827882 Züge erforderlich. Im letzten Fall braucht man 22,7 Jahre, um das Schloß zu öffnen.

			Lampe 654321
Start			000000
Zug Nr.		1	000001
		2	000011
		3	000010
		4	000110
		5	000111
		6	000101
		7	000100
	usw.	8	001100
		42	111111

Die meisten Leser, die die Aufgabe richtig lösten, schrieben die zyklischen Binärzahlen entsprechend dem Gray-Kode (wie oben) auf und verwandelten sie in die gewöhnlichen Binärzahlen. Um die Anzahl der Schalterbewegungen zu erhalten, braucht man natürlich, wie aus Bild 26 ersichtlich ist, nicht die gesamte Tabelle, z. B. für die 42 „Züge" bei 6 Lampen, aufzustellen.

Eine Vielzahl von Lesern, die keine Tabelle wie in der vorhergehenden Lösung aufstellten und die Beziehung zum Gray-Kode nicht erkannten, erzielten die folgenden falschen Resultate: 18, 42, 450 Sekunden. Daß diese Fehler systematisch auftraten, liegt daran, daß offensichtlich übersehen worden ist, daß ein Schalter wirkungslos blieb, wenn nicht die Lampe mit der nächst kleineren Nummer eingeschaltet und alle übrigen Lampen mit noch kleineren Nummern abgeschaltet waren. „Wirkungslos" heißt hier: Die entsprechende Lampe kann weder ein- noch ausgeschaltet werden. In den falschen Lösungen wurde „wirkungslos" so interpretiert, daß die Lampe zwar nicht ein- aber abgeschaltet werden konnte. Ein Beispiel soll diesen Fehler verdeutlichen.

Um von den brennenden Lampen 1 und 2 (0011) zu den brennenden Lampen 3 und 4 (1100) zu gelangen, sind bei korrekter Deutung von „wirkungslos" 6 Züge (linke Spalte unten), bei inkorrekter Deutung 4 Züge (rechte Spalte) nötig.

	0011	0011
	0011	0011
1.	0010	0010
2.	0110	0110
3.	0111	0100
4.	0101	1100
5.	0100	
6.	1100	

Über die Summation einer arithmetischen Reihe erhält man hieraus für eine gerade Zahl n von Lampen $\frac{n^2}{2}$ Züge.

Die folgende Lösung ist im Hinblick auf die Anwendung des Gray-Kodes sehr instruktiv. „Das Safeschloß-Problem kann zum Ausgangspunkt einer ganzen Theorie gemacht werden. Die Bedingungen für das Ein- und Ausschalten der Lampen entsprechen den Bildungsregeln des zyklischen Binärkodes (Gray-Kode). Einer brennenden Lampe an der Position k entspricht die Ziffer 1 in der Darstellung der zugeordneten Binärzahl; eine nicht brennende Lampe wird an entsprechender Stelle durch 0 kodiert. Um die Zahl der Züge zu ermitteln, um z. B. den Lampenzustand 101110 (Lampen 1 und 5 brennen nicht, die übrigen brennen) von 000000 aus zu erreichen, wird 101110 in folgender Weise zunächst in eine Binärzahl übersetzt, deren zugehörige Dezimalzahl sodann die Anzahl der Züge wiedergibt.

Ausgehend von der ersten nicht verschwindenden Ziffer links wird Schritt für Schritt die Summe der Ziffern modulo 2 gebildet. Diese Summen liefern von links nach rechts die Ziffern der neuen Binärzahl. In unserem Beispiel erhalten wir 110100. Wenn wir dies ins Dezimalsystem übertragen, so ergibt sich für die Anzahl der Züge 52. Kehren wir zu unserem Ausgangsproblem zurück. Der Endzustand der Lampen ist 11 … 1. Ist die Zahl n der Lampen gerade bzw. ungerade, so ergibt sich für die Anzahl der Züge im Binärsystem 1010 … 0 bzw. 1010 … 1. Für die Dezimaldarstellung dieser Zahlen erhalten wir aus der Summenformel für die geometrische Reihe $\frac{1}{3}(2^{n+1} - 2)$ bzw. $\frac{1}{3}(2^{n+1} - 1)$. Für n = 6, 9, 30 ergeben sich somit 42, 341, 715827882 Züge.

Wenn wir zu einer Binärzahl b das entsprechende Binär-Kodewort im Gray-Kode finden wollen, wird zu b die um eine Stelle nach rechts

Zug	6	5	4	3	2	1	Lampe	Zug	6	5	4	3	2	1	Lampe
1	0	0	0	0	0	1		22	0	1	1	1	0	1	
2	0	0	0	0	1	1	2 Lampen $\frac{2}{3}(2^2-1)=2$	23	0	1	1	1	0	0	
3	0	0	0	0	1	0		24	0	1	0	1	0	0	
4	0	0	0	1	1	0		25	0	1	0	1	0	1	
5	0	0	0	1	1	1	3 Lampen $\frac{2}{3}(2^3+1)-1=5$	26	0	1	0	1	1	1	
6	0	0	0	1	0	1		27	0	1	0	1	1	0	
7	0	0	0	1	0	0		28	0	1	0	0	1	0	
8	0	0	1	1	0	0		29	0	1	0	0	1	1	
9	0	0	1	1	0	1		30	0	1	0	0	0	1	
10	0	0	1	1	1	1	4 Lampen $\frac{2}{3}(2^4-1)=10$	31	0	1	0	0	0	0	
11	0	0	1	1	1	0		32	1	1	0	0	0	0	
12	0	0	1	0	1	0		33	1	1	0	0	0	1	
13	0	0	1	0	1	1.		34	1	1	0	0	1	1	
14	0	0	1	0	0	1		35	1	1	0	0	1	0	
15	0	0	1	0	0	0		36	1	1	0	1	1	0	
16	0	1	1	0	0	0		37	1	1	0	1	1	1	
17	0	1	1	0	0	1		38	1	1	0	1	0	1	
18	0	1	1	0	1	1		39	1	1	0	1	0	0	
19	0	1	1	0	1	0		40	1	1	1	1	0	0	
20	0	1	1	1	1	0		41	1	1	1	1	0	1	
21	0	1	1	1	1	1	5 Lampen $\frac{2}{3}(2^5+1)-1=21$	42	1	1	1	1	1	1	6 Lampen $\frac{2}{3}(2^6-1)=42$

Bild 26

verschobene Binärzahl b' (die „überstehende" Endziffer von b' wird vernachlässigt) modulo 2 ohne Übertrag addiert.

Beispiel: b = 00001110011011

$$
\begin{array}{l}
0\ 0\ 0\ 0\ 1\ 1\ 1\ 0\ 0\ 1\ 1\ 0\ 1\ 1 \\
\underline{\ \ 0\ 0\ 0\ 0\ 1\ 1\ 1\ 0\ 0\ 1\ 1\ 0\ 1\ 1} \\
0\ 0\ 0\ 1\ 0\ 0\ 1\ 0\ 1\ 0\ 0\ 1\ 1\ 0
\end{array}
\qquad \text{Zyklische Binärzahl zu b.}
$$

Sukzessive zyklische Binärzahlen unterscheiden sich an genau einer Stelle, sie unterscheiden sich somit um genau 1 bit. Dieser Sachverhalt wird in der Informatik genutzt. In der gewöhnlichen Binärdarstellung sind beim Übergang von 0111 (7) nach 1000 (8) vier bits beteiligt. Somit kann ein Übertragungsfehler jede Zahl zwischen 0 und 15 hervorbringen. Wesentlich unempfindlicher gegenüber Fehlern ist der Gray-Kode: Dem Übergang von 7 nach 8 im Dezimalsystem entspricht der Übergang von 0100 nach 1100 in zyklischen Binärzahlen. Zu diesem Übergang ist genau 1 bit erforderlich.

12 Dreieck aus drei Höhen

Mit Zirkel und Lineal ist ein Dreieck zu konstruieren, dessen drei Höhen gegeben sind.

Lösung. Zur Lösung dieser Aufgabe verwendeten viele Dial-Leser eine Methode, die leider nicht immer funktioniert. Da die Dreiecksfläche gleich dem halben Produkt aus Dreieckseite und zugehöriger Höhe ist, verhalten sich die Dreiecksseiten wie die Reziproken der entsprechenden Höhen. Konstruiert man also ein Dreieck aus den drei gegebenen Höhen a, b, c, die nun als Seiten gedeutet werden, so sind dessen Höhen h_a, h_b und h_c den Seiten des gesuchten Dreiecks proportional. Das Dreieck mit den Seiten h_a, h_b, h_c ist somit zu dem gesuchten Dreieck RST ähnlich. Wie Bild 27 zeigt, erhält man den Punkt S von Dreieck RST als Schnittpunkt der Verlängerung von RS' mit dem Parallelen zu RT' im Abstand c. Die Paralelle durch S zu S'T' schneidet die Verlängerung von RT' in T. Diese Methode hängt offenbar mit dem Problem des „Zufallsdreiecks" zusammen: durch einen Zufallsmechanismus werden auf einer Strecke zwei Punkte bestimmt; wie groß ist

die Wahrscheinlichkeit, daß man aus den drei so entstandenen Strecken
ein Dreieck bilden kann? Die Wahrscheinlichkeit, daß ein Dreieck gebildet werden kann, d. h. daß die größte Strecke kleiner ist als die halbe
Länge der Gesamtstrecke, berechneten unsere Leser zu 1/4. Die Wahrscheinlichkeit, ein Dreieck aus vorgegebenen Höhen konstruieren zu
können, ist größer. Andererseits ist die längste Höhe in einem Dreieck
mit den Seiten 10, 10, 20 gleich 9,95, während die beiden anderen
Höhen je 1,99 sind. Aus diesen drei Höhen kann somit kein Dreieck gebildet werden.

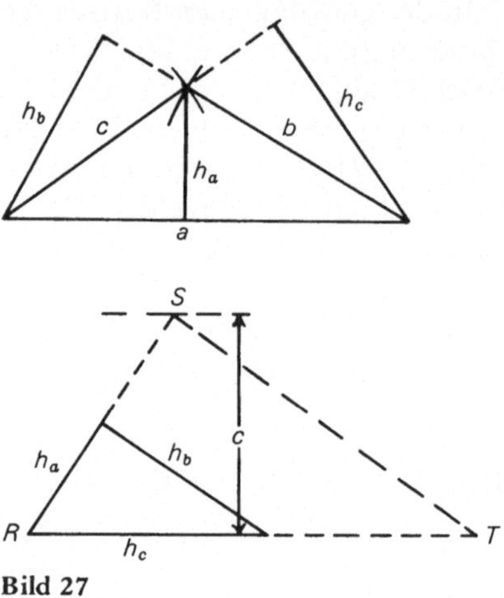

Bild 27

Damit scheidet obige Methode aus und wir müssen zu den drei ge-
gebenen Höhen a, b, c (a $\geqslant$ b $\geqslant$ c) mit Zirkel und Lineal die reziproken
Längen konstruieren. Wird d so bestimmt, daß ac = bd ist, so haben
wir in c, d und a diese entsprechenden Längen. Die Länge d kann man
mittels einer einfachen Konstruktion bestimmen. Dazu wird ein Kreis
gezeichnet, dessen Durchmesser mindestens a + c ist (Bild 28). Sodann
wird eine Sehne der Länge a + c konstruiert und im Abstand a von
einem Endpunkt der Sehne ein Bogen mit Radius b gezeichnet, der den
ursprünglichen Kreis in einem Punkt Q schneidet. Die Verlängerung von
PQ ergibt die gesuchte Strecke d. Daß das Produkt der Abschnitte auf
zwei sich schneidenden Sehnen gleich ist, erhält man bekanntlich über
die Ähnlichkeit von geeigneten Dreiecken. Nun kann aus den Seiten a,
c, d das Dreieck TR'S' gezeichnet werden (Bild 29). Sodann wird S auf
der Verlängerung von TS' so bestimmt, daß der Abstand von S zu TR

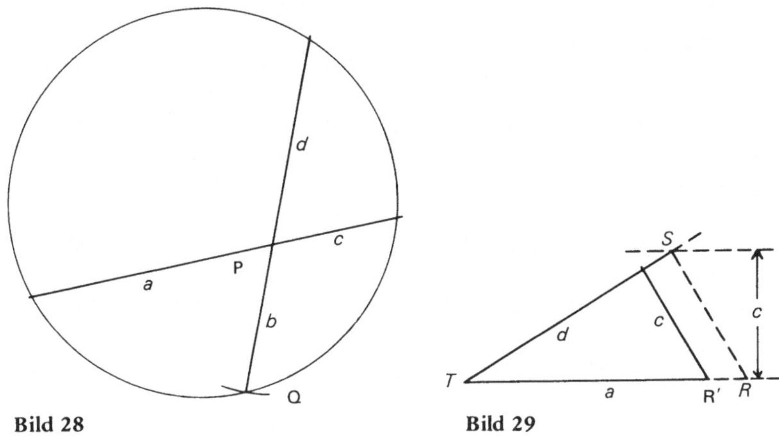

Bild 28   **Bild 29**

gleich der gegebenen Höhe c ist. Damit haben wir das gesuchte Dreieck RST bestimmt. Die Seiten dieses Dreiecks stehen, wie oben ausgeführt, im richtigen Verhältnis zu den gegebenen Höhen. Da die kleinste Höhe der größten Seite zugeordnet ist, liegen auch die beiden anderen Höhen richtig.

Einen interessanten „Ableger" dieser Aufgabe findet man in Nr. 39. Einer unserer Leser untersuchte nämlich die Wahrscheinlichkeit, daß aus den drei Höhen eines Dreiecks ein neues Dreieck gebildet werden könne. Nachdem er eine Lösung gefunden hatte, präsentierten wir die Aufgabe unseren Lesern, woraus sich schließlich eine faszinierende Geschichte entwickelte (vgl. Nr. 35).

13 Vereinfachen durch Projizieren

„Welches ist die Ellipse mit größter Fläche, die man einem rechtwinkligen Dreieck mit Katheten a, b einbeschreiben kann?" Der Einsender dieser Aufgabe fügte außerdem den folgenden aufschlußreichen Hinweis bei: „Wird diese Aufgabe mit den üblichen Methoden angepackt, so ergeben sich recht komplizierte Gleichungen; es gibt aber einen einfachen Weg, mit dem man sich die mühsame Plackerei sparen kann." An dieser Aufgabe kann man erneut in deutlicher Weise demonstrieren, was eine überraschende und, was den Aufwand betrifft, optimale Lösung eines Problems ist. Solchen Lösungen werden wir im weiteren Verlauf noch häufig begegnen.

Lösung. „Wir betrachten die Parallelprojektion eines Dreiecks mit einbeschriebener Ellipse in Ebene A auf eine Ebene B (Bild 30). Als Bild erhalten wir wieder ein Dreieck mit einbeschriebener Ellipse. Das Verhältnis von Dreiecksfläche zu Ellipsenfläche bleibt bei dieser Abbildung erhalten. Wir nehmen nun an, die Ellipse in Ebene A habe maximale Fläche; dann wählen wir die Projektionsrichtung und die Lage der Ebene B so, daß wir als Bild der Ellipse einen Kreis erhalten. Wir zeigen jetzt, daß das Bilddreieck gleichseitig ist. Es sei A die Fläche, u der Umfang und r der Inkreisradius des Bilddreiecks. Wir wissen, daß $\frac{\pi r^2}{A}$ maximal ist, und wegen $A = \frac{1}{2}\, ur$ ist $\frac{r}{u}$ maximal und deshalb auch $\frac{ur}{u^2}$ bzw. $\frac{A}{u^2}$. Da $\frac{A}{u^2}$ genau für das gleichseitige Dreieck maximal ist, muß das Bilddreieck gleichseitig sein. Man rechnet schnell nach, daß für das gleichseitige Dreieck $\frac{\pi r^2}{A} = \frac{\pi}{3\sqrt{3}} = 0{,}6046$ gilt. Wegen der Invarianz der Flächenverhältnisse ist die Fläche der maximalen Ellipse das 0,6046-fache der Dreiecksfläche $\frac{1}{2}\, ab$; die Fläche der maximalen, dem rechtwinkligen Dreieck mit Katheten a, b einbeschriebenen Ellipse ist somit 0,3023 ab. Als zusätzliches Resultat erhalten wir: die Dreiecksseiten berühren die Ellipse in den Seitenmitten; die drei Restflächen außerhalb der Ellipse und innerhalb des Dreiecks sind gleich groß.“

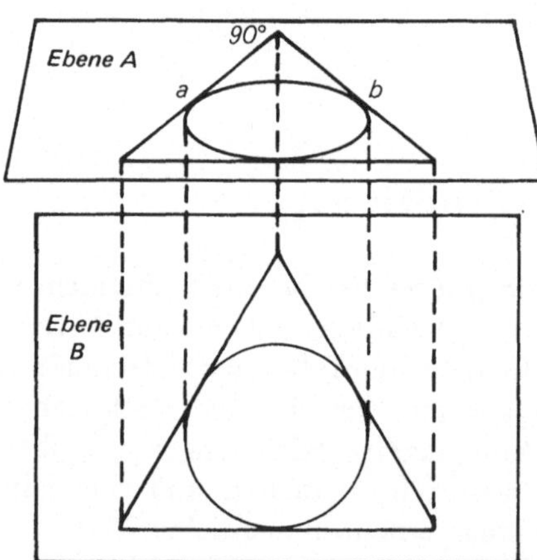

Bild 30

14 Dreieck mit ganzzahligen Seiten und Höhen

Unter allen Dreiecken, bei denen die Maßzahlen der Seiten und Höhen sechs verschiedene natürliche Zahlen sind, bestimme man das Dreieck mit kleinster Fläche.

Lösung. Durch die Forderung von 6 ganzzahligen Stücken sind rechtwinklige Dreiecke, die höchstens 5 solche ganzzahligen Längen haben können, ausgeschlossen.

Als erstes bringen wir eine recht einfallsreiche Lösung. Im Kontrast dazu erörtern wir anschließend eine „hausbackene" Lösung.

„Durch die Höhe h_a werde die Seite a in die beiden Abschnitte a_b und a_c zerlegt (vgl. die beiden möglichen Fälle in Bild 31). Aus dem Satz von Pythagoras folgt $a_b = \sqrt{b^2 - h_a^2}$ und $a_c = \sqrt{c^2 - h_a^2}$.

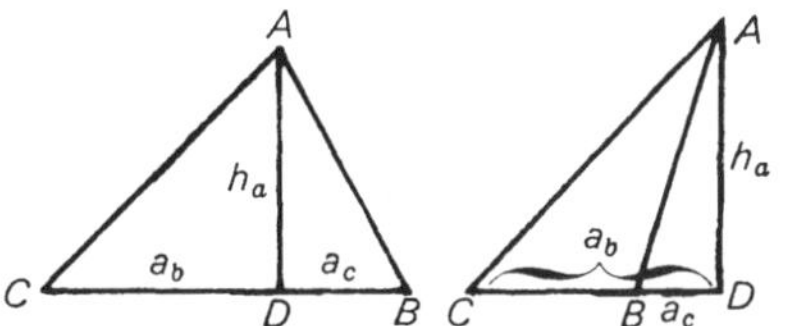

Bild 31

Je nachdem, ob der Winkel β bei B spitz oder stumpf ist, ergibt sich nach Voraussetzung für $a_b + a_c$ bzw. $a_b - a_c$ eine natürliche Zahl a. Man überlegt sich leicht, daß dann auch a_b und a_c natürliche Zahlen sein müssen. Somit sind aber sämtliche durch die Höhen auf den Dreiecksseiten erzeugten Abschnitte ganzzahlig. Für die Katheten x, y und die Hypothenuse z eines rechtwinkligen Dreiecks mit ganzzahligen Seitenlängen gilt bekanntlich $x = u^2 - v^2$, $y = 2uv$, $z = u^2 + v^2$ mit natürlichen Zahlen u, v. Für $u = 2$, $v = 1$ ergibt sich ein rechtwinkliges Dreieck mit Seitenlängen 3, 4, 5.
Andere Beispiele sind 13, 12, 5; 17, 15, 8; 25, 24, 7 usw.

Wir nehmen nun an, alle rechtwinkligen Teildreiecke in unserem Problem seien vom Typ des 3, 4, 5-Dreiecks. Da h_a das Ausgangsdreieck in zwei rechtwinklige Dreiecke zerlegt, muß gelten $h_a = 4kn = 3tn$. Die kleinsten Werte für k bzw. t sind 3 bzw. 4. Dann ist $h_a = 12n$, $b = 5kn = 15n$, $c = 5tn = 20n$, $a_b = 3kn = 9n$, $a_c = 4tn = 16n$ und $a = 25n$ (bzw. 7n, wenn h_a außerhalb des Dreiecks ABC liegt).

Wir arbeiten mit a = 7n weiter; dann hat Dreieck ABC die Fläche $\frac{1}{2}$a · h_a = 42n², für die beiden anderen Höhen ergibt sich hieraus $h_b = \frac{84n^2}{15n} = \frac{28n}{5}$, $h_c = \frac{84n^2}{20n} = \frac{21n}{5}$.

Für n = 5 werden alle Seiten und Höhen ganzzahlig: a = 35, b = 75, c = 100, h_a = 60, h_b = 28, h_c = 21. Die Fläche des Dreiecks beträgt 1050 Flächeneinheiten.

Gehen wir hingegen von a = 25n (d. h. der Winkel bei B ist spitz) oder von anderen rechtwinkligen Dreiecken mit ganzzahligen Seiten aus, so erhalten wir jeweils größere Werte für die Fläche von Dreieck ABC. Als minimale Fläche eines Dreiecks, das den Bedingungen der Aufgabe entspricht, haben wir also 1050 (FE)!"

Auch die folgende interessante Lösung geht von rechtwinkligen Teildreiecken des (3, 4, 5)-Typs aus, ohne jedoch die zugehörigen Überlegungen, so wie sie in der vorigen Lösung gemacht wurden, zu explizieren. Von Anfang an wird angenommen, daß der Winkel bei C stumpf sei.

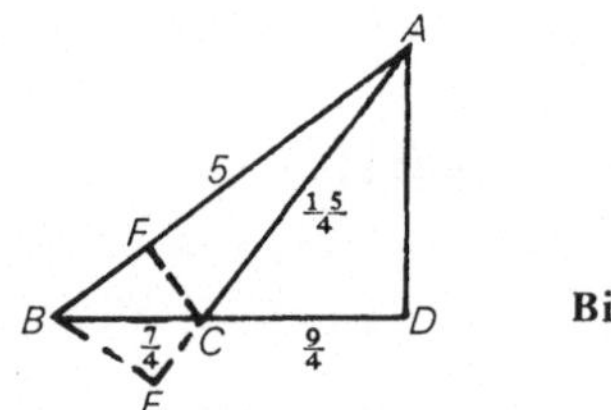

Bild 32

Ausgehend vom (3, 4, 5)-Dreieck ABD (Bild 32) wird ein dazu ähnliches Dreieck ACD so gewonnen: Auf BD wird der Punkt C mit DC = $\frac{9}{4}$ gewählt; AC ist dann $\frac{15}{4}$ und AD natürlich gleich $\frac{12}{4}$. Wegen BC = $\frac{7}{4}$ ergibt sich für die Fläche von Dreieck ABC der Wert $\frac{21}{8}$. Hieraus kann man nun die beiden anderen Höhen von Dreieck ABC bestimmen.

CF = $\frac{21}{20}$, BE = $\frac{7}{5}$. Insgesamt haben wir also für die Seiten und Höhen von Dreieck ABC folgende Werte: $\frac{15}{4}$, $\frac{7}{4}$, 5; $\frac{7}{5}$, 3, $\frac{21}{20}$. Um auf ganzzahlige Längen zu kommen, multiplizieren wir diese Werte mit dem kleinsten gemeinsamen Vielfachen der Nenner und erhalten: 75, 35, 100 für die Seiten und 28, 60, 21 für die Höhen. Die Fläche hat dann den Wert 1050 FE.

15 Sport und Mathematik

In den beiden nächsten Aufgaben geht es um Sportwettkämpfe. Als erstes wird ein Leichtathletikwettbewerb zwischen drei Mannschaften mathematisch untersucht; die zweite Aufgabe handelt von einem Bowling-Match zwischen drei Spielern.

Leichtathletik

Drei Mannschaften A, B, C beteiligen sich an einem Leichtathletikkampf. Die Rangplätze in den verschiedenen Disziplinen werden mit Punkten bewertet; einem besseren Rangplatz entspricht dabei auch eine höhere Punktzahl (gleiche Rangplätze in verschiedenen Disziplinen erhalten gleich viele Punkte). Im Endergebnis kam A auf 22, B auf 9, C auf 9 Punkte. Mannschaft B gewann den 100 m-Lauf. Welche Mannschaft erzielte im Hochsprung den zweiten Platz?

Lösung. Die meisten Einsender gingen von der Annahme aus, daß jede Mannschaft zu jeder Disziplin nur einen Athleten entstandte, so daß die Mannschaft in jeder Disziplin auch nur einen Platz erringen konnte. Erstens war davon in der Aufgabe nicht die Rede, und zweitens würde eine solche Annahme auch gegen die übliche Praxis bei Wettkämpfen verstoßen. Bis auf zwei Einsender fanden die übrigen, die an dieser Annahme festhielten, nur eine Lösung: In der folgenden Lösung spielt diese Annahme keine Rolle:

,,Obwohl sich der Einsender der Aufgabe offenbar nur eine Lösung vorstellt, habe ich zwei Lösungen gefunden.

a) Insgesamt wurden $22 + 9 + 9 = 40$ Punkte vergeben; diese Zahl ergibt sich auch, wenn man die Anzahl der Disziplinen mit der Gesamtzahl der Punkte pro Disziplin multipliziert.

b) Es haben Wettkämpfe in mindestens zwei Disziplinen (Lauf, Sprung) stattgefunden; pro Disziplin können mindestens $1 + 2 + 3 = 6$ Punkte erzielt werden.

c) Aus a) ergeben sich folgende Möglichkeiten für die Anzahl der Disziplinen und die dabei erzielbaren Punkte:
$2 \cdot 20, 4 \cdot 10, 5 \cdot 8$

d) Aus der letzten Frage der Aufgabe kann man schließen, daß die Mannschaft, die im Hochsprung zweiter wurde, auch die übrigen zweiten Plätze belegt (andernfalls ergibt die Aufgabe keinen Sinn).

e) Zunächst liegt es nahe, daß A die gesuchte Mannschaft ist. Es gibt
dann verschiedene Punkteverteilungen, z. B.
A : 7, 7, 4, 4; B : 9; C : 9 oder
A : 4, 3, 3, 3, 3, 3, 1, 1, 1; B : 4, 4, 1; C : 4, 4, 1.
f) Aber auch C kann zweite Plätze erzielt haben, z. B.
A : 7, 7, 7, 1; B : 7, 1, 1; C : 2, 2, 2, 2, 1 oder
A : 5, 5, 5, 5, 2; B : 1, 1, 1, 1, 5; C : 2, 2, 2, 2, 1."

Bowling

Die drei Onkel von Euklidchen kehren vom Bowling zurück. „Ich muß besoffen gewesen sein", stöhnte Onkel Tom. „An Dick habe ich 148 Punkte und an Harry 147 Punkte verloren." „Einer von uns schob die Kugel 11 mal, der andere 12 mal und der dritte 13 mal", sagte Dick. „Du bist ja recht pfiffig, Euklidchen; weiß du, welche Ergebnisse wir hatten?" fragte Harry. Euklidchen wußte es; wissen Sie es?

Lösung. Man überlegt sich leicht: Wird die Kugel 11- bzw. 12- bzw. 13-mal geschoben, so können die Punkte in den jeweiligen Fällen zwischen 240 und 267 bzw. zwischen 180 und 300 bzw. zwischen 120 und 279 liegen. Um die genannten Bedingungen zu erfüllen, mußte Tom 120, Harry 267 und Dick 268 Punkte erzielt haben. Die paar „Schnitzer" von Tom sieht man auch auf der Ergebnisliste.

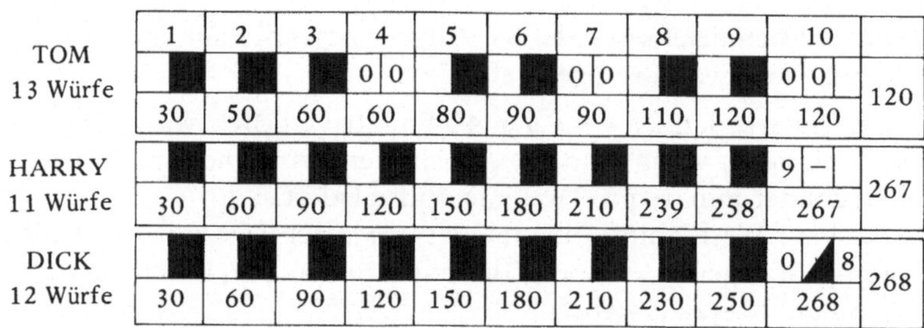

	1	2	3	4	5	6	7	8	9	10	
TOM 13 Würfe				0 | 0			0 | 0			0 | 0	120
	30	50	60	60	80	90	90	110	120	120	
HARRY 11 Würfe										9 | –	267
	30	60	90	120	150	180	210	239	258	267	
DICK 12 Würfe										0 | 8	268
	30	60	90	120	150	180	210	230	250	268	

Bild 33

MATHEMATICAL NURSERY RHYME No. 9

Ring-a-ring o' roses
Two gals each side of boy,
Which makes a little problem
That mathmen may enjoy :
"In how many different groupings
Could the six kids twirl this way ?"
Find the answer to this quickie.
For you it's just child's play.

MATHEMATICAL NURSERY RHYME No. 10

To prove Pythagoras was right,
With new-found ease and much delight,—
Let's say hypotenuse is c,
With one leg a and 'tother b.
On c we draw a square with pride,
Then triangles on every side.
The square of $(a+b)$, you see,
Is c squared plus two times ab.
Equate and cancel $2ab$
—And we have reached the Q.E.D.

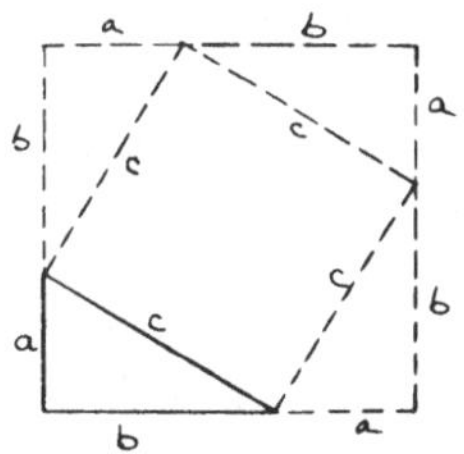

Fiddle-dee-dum, fiddle-dee-dee,
The frog has married his fair toadee!
Suppose the pair has daughters n,
And each of these has n again,
And so on—(Note that froggies few
Ever have n less than two!)
Though it may lead to great confusion
To multiply in such profusion—
For this is clearly non-Malthusian—
The family tree, when all is done
Will then have branches Aleph-one!

16 Arithmetik mit dem Maßband

Eine Verkäuferin in der Kurzwarenabteilung eines Kaufhauses hat zum Abmessen von Seidenbändern etc. auf dem Ladentisch eine zylindrische Meßvorrichtung mit dem Umfang 27 inch (die Maßeinheit spielt für das weitere keine Rolle). Auf dem Zylinder sind sechs Marken angebracht (Bild 34). Die Abstände zwischen den Marken sind oben — an Stelle der Fragezeichen — vermerkt. Die Meßmarken sind so verteilt, daß jede ganzzahlige Länge eines Bandes von 1 bis 27 inch abgemessen werden kann. Dazu wird der Bandumfang an eine geeignete Marke angelegt, das Band bis zu der passenden zweiten Marke um den Zylinder gewunden, und an dieser Stelle abgeschnitten. Wie müssen die Marken angebracht sein? Käme man auch mit weniger als 6 Marken aus?

Lösung. Obwohl es nicht verlangt war, gab einer unserer Leser sämtliche Lösungen (s. unten) an und entwickelte eine Formel, die in Abhängigkeit von der Anzahl n der Meßmarken die Maximalzahl der ganzzahlig meßbaren Längen zu ermitteln erlaubt; im folgenden geht es stets um ganzzahlige Längen.

Um sämtliche Längen von 1 bis 27 messen zu können, gibt es 27 verschiedene Anordnungen der Meßmarken.

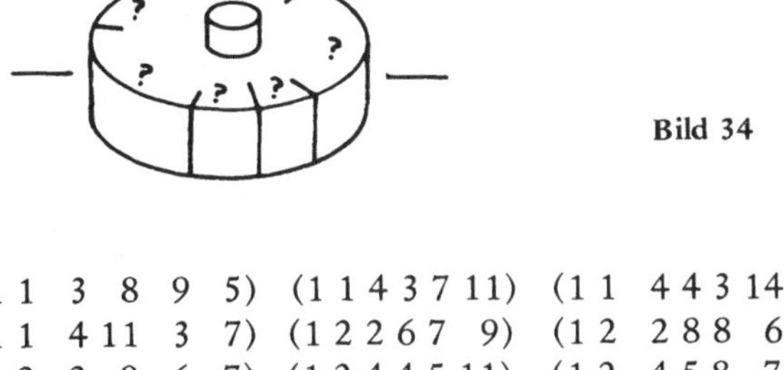

Bild 34

```
(1 1  3  8  9  5)   (1 1 4 3 7 11)   (1 1  4 4 3 14)
(1 1  4 11  3  7)   (1 2 2 6 7  9)   (1 2  2 8 8  6)
(1 2  2  9  6  7)   (1 2 4 4 5 11)   (1 2  4 5 8  7)
(1 2  5  4 10  5)   (1 2 5 6 4  9)   (1 2  5 9 6  4)
(1 2  6  2 12  4)   (1 2 7 4 8  5)   (1 2 10 6 4  4)
(1 2 13  4  1  6)   (1 3 1 6 2 14)   (1 3  2 5 8  8)
(1 3  2 12  2  7)   (1 3 4 2 5 12)   (1 3  5 2 4 12)
(1 3  6  2  5 10)   (1 4 2 8 3  9)   (1 5  2 3 4 12)
(1 5  3  2  2 14)   (1 7 3 2 4 10)   (1 7  4 2 3 10)
```

Man verifiziert leicht, daß man mit jeder dieser Anordnungen in der Tat sämtliche Längen von 1 bis 27 erhalten kann. Um etwa bei der ersten Anordnung die Länge 19 auszumessen, verwendet man die benachbarten Intervalle 8, 3, 1, 1, 5. Bei der zweiten Anordnung verwendet man die Intervalle 4, 11, 3 und bei der letzten die Intervalle 10, 1, 7 usw.

Die Maximalzahl von ausmeßbaren Längen bei n Meßmarken ergibt sich so: Wird jeweils nur ein Intervall zwischen zwei aufeinanderfolgenden Meßmarken benutzt, so erhält man die n Längen a, b, c, d, … s, t, u. Bei Verwendung zweier aufeinanderfolgender Intervalle erhält man die n Längen a + b, b + c, …, s + t, t + u, u + a, bei drei aufeinanderfolgenden Intervallen ergeben sich die n Längen a + b + c, b + c + d, …, s + t + u, t + u + a, u + a + b. Desgleichen ergeben sich n Längen, wenn n − 1 aufeinanderfolgende Intervalle benutzt werden;

schließlich erhält man noch eine Länge, wenn man alle Intervalle benutzt, d. h. das zu messende Band um den gesamten Zylinder legt. Insgesamt haben wir somit n (n − 1) + 1 Längen. Für n = 5 kann man maximal 21 Längen messen, man braucht daher n = 6 Meßmarken. Mit 6 Meßmarken lassen sich maximal 31 Längen, d. h. vier Längen mehr ausmessen als in unserer Aufgabe angegeben waren. Eine geeignete Anordnung der Meßpunkte für 31 Längen ist (1 2 5 4 6 13). Um diese Anordnung herauszufinden, wollen wir das Herumprobieren durch Überlegungen möglichst verkürzen. Zunächst genügt es, nur solche Intervalle zu markieren, mit denen man sämtliche Längen von 1 bis 15 messen kann, die Längen von 16 bis 31 können daraus in geeigneter Weise zusammengesetzt werden. Mit der Intervallanordnung (1 2 5 4 6) erhält man alle Längen von 1 bis 12 sowie 15. Wählt man als sechste Intervallänge 13, so können auch die Längen 13, 14 gemessen werden. Zum Ausmessen sämtlicher Längen von 1 bis 31 werden entsprechend der allgemeinen Formel die einzelnen Meßintervalle sowie die Verbindung von 2, 3, 4, 5 aufeinanderfolgenden Meßintervallen je sechsmal und alle 6 Intervalle genau einmal benötigt.

An dieser Stelle zeigt sich deutlich, was mathematisch Interessierte aus einer einfachen Situation alles herausholen können.

17 Uhr-Zeiger-Geometrie

In den folgenden drei Aufgaben geht es um geometrische Beziehungen zwischen den Positionen der Zeiger einer Uhr. Wir setzen für das weitere idealisierend voraus, daß ein Beobachter die Stellungen der Zeiger zueinander exakt wahrnehmen kann.

Winkeldrittelung

Ein Leser schrieb uns, er hätte eines Nachmittags einen Mann beobachtet, der zu einem gewissen Zeitpunkt die Stellung der beiden Zeiger einer Uhr auf dem Zifferblatt markiert hätte. Einige Zeit später konnte man erkennen, daß die beiden Zeiger den vorher markierten Winkel drittelten. Welche Zeitspanne mußte seit dem Markieren verstrichen sein? Angenommen es ist 15 Uhr; wie lange müßte man wenigstens warten, um die Winkeldrittelung beobachten zu können?

Lösung. Sei A der Winkel, gemessen in Zeitminuten zwischen den beiden Zeigern, wobei der große Zeiger vor dem kleinen angenommen werde (z. B. 13 h 25 min). Wenn der kleine Zeiger den Winkel $\frac{2}{3}$A überstreicht, so überstreicht der große Zeiger den Winkel $(60 - A) + \frac{1}{3}$A. Da sich der große Zeiger zwölfmal so schnell wie der kleine bewegt, erhalten wir die Gleichung $12 \cdot \left(\frac{2}{3}A\right) = (60 - \frac{2}{3}A)$ und hieraus A $= 6\frac{12}{13}$ min. Die verstrichene Zeitspanne beträgt somit $12 \cdot \frac{2}{3} \cdot 6\frac{12}{13} = 55\frac{3}{13}$ min. Überstreicht hingegen der kleine Zeiger den Winkel $\frac{1}{3}$B und der große Zeiger, der sich somit in der Endposition vor dem kleinen befindet, den Winkel $(60 - B) + \frac{2}{3}$B, so ergibt sich wie oben aus der Gleichung $12 \cdot \left(\frac{1}{3}B\right) = 60 - \frac{1}{3}B$ der Wert B $= 13\frac{11}{13}$ min. Für die verstrichene Zeitspanne erhalten wir $12 \cdot \frac{1}{3} \cdot 13\frac{11}{13} = 55\frac{5}{13}$ min.

Zur Beantwortung der zweiten Frage muß der kleinere Winkel, nämlich $6\frac{12}{13}$ min gewählt werden. Ist X der Winkel, den der kleine Zeiger überstreicht, so überstreicht der große Zeiger den Winkel $15 + 6\frac{12}{13} + X$. Hieraus erhalten wir $12X = 21\frac{12}{13} + X$ und X $= 1\frac{142}{143}$ min. Bis zum frühesten Eintreten dieser Stellung sind $12 \cdot 1\frac{142}{143} = 23\frac{131}{143}$ min vergangen.

Vertauschbare Zeiger

Wie oft befinden sich die beiden Zeiger einer Uhr innerhalb von 12 Stunden an vertauschbaren Positionen? Dabei heißen Positionen vertauschbar, wenn sie jeweils eine Zeitablesung erlauben; die Positionen der Zeiger bei 3 Uhr sind z. B. nicht vertauschbar.

Lösung. Für jeden Zeitpunkt innerhalb des 12 Stundenintervalls seien x bzw. y die durch den kleinen bzw. großen Zeiger auf dem Ziffernblatt markierten Minuten. Es gilt dann $12x = y + 60\,N$, dabei gibt N mit $0 \leqslant N \leqslant 11$ die Anzahl der vollen Umdrehungen des großen Zeigers bis zu dem betreffenden Zeitpunkt an. Sind die Zeigerpositionen vertauschbar, so gilt $12y = x + 60\,M$, mit $0 \leqslant M \leqslant 11$.

Durch Eliminieren von x erhalten wir $y = \frac{60}{143} (12\,M + N)$. Aufgrund der Nebenbedingungen für M und N haben wir $0 \leqslant 12\,M + N \leqslant 143$. Damit gibt es 144 Lösungen für y mit $0 \leqslant y \leqslant 60$, wobei allerdings die Werte $y = 0$ und $y = 60$ der gleichen Zeigerposition 12 Uhr entsprechen, so daß wir insgesamt 143 vertauschbare Zeigerpositionen während 12 Stunden haben.

Um die Zeit in Stunden zu erhalten, müssen die vom kleinen Zeiger angegebenen Minuten durch 5 dividiert werden. Die Zeigerpositionen sind also bei 12 Uhr und jede folgende $\frac{12}{143}$ Stunde vertauschbar. Von den 143 Zeigerpositionen sind 11, bei denen die beiden Zeiger übereinander stehen; die übrigen sind paarweise dual.

Drei Zeiger und zwei rechte Winkel

„Kürzlich beobachtete ich die drei Zeiger meiner Uhr. Dabei kam mir der Gedanke, ob es eine Stellung der Zeiger gibt, wobei zwei Zeiger einen gestreckten Winkel bilden und der dritte Zeiger auf den beiden senkrecht steht. Sollte diese Stellung nicht möglich sein, wie gut läßt sie sich annähern?"

Lösung. Es läßt sich recht leicht sehen, daß die genaue Lotstellung zwischen den drei Zeigern nicht existiert. Wir legen den Anfangspunkt auf 12 Uhr und bezeichnen mit h die Anzahl der Vierteldrehungen des Stundenzeigers. Durchläuft h das Intervall $0 \leqslant h \leqslant 4$, so werden sämtliche Zeigerstellungen erfaßt. Der Minuten- bzw. Sekundenzeiger macht 12 h bzw. 720 h Vierteldrehungen. Eine notwendige, nicht aber hinreichende Bedingung zur Lösung der Aufgabe erhalten wir, wenn wir beachten, daß die Differenz der Vielfachen von Vierteldrehungen zweier beliebiger Zeiger ganzzahlig sein muß. Somit müssen $12\,h - h = 11\,h = A$ und $720\,h - h = 719\,h = B$ ganzzahlig sein. Wir erhalten $\frac{A}{11} = \frac{B}{719}$; da 11 und 719 beides Primzahlen sind, muß A Vielfaches von 11 und B Vielfaches von 719 sein. Unter diesen Bedingungen ist auch h ganzzahlig. Den ganzzahligen Werten von h mit $0 \leqslant h \leqslant 4$ entsprechen die Zeiten 12, 3, 6, 9, 12 Uhr. Keine der zugehörigen Zeigerstellungen erfüllt jedoch die Bedingungen der Aufgabe, so daß die fragliche Position der drei Zeiger nicht existiert.

Nun zur näherungsweisen Lösung unseres Problems; wir wählen einen ganz elementaren Weg. Angenommen, Stunden- und Sekundenzeiger bilden einen gestreckten Winkel und der Minutenzeiger bildet mit diesen Zeigern „fast" einen rechten Winkel. Die Abweichung ist dann $\frac{1}{719}$ einer Vierteldrehung; ist nun h = $\frac{a}{719}$, so muß h eine gerade, nicht durch 4 teilbare Zahl sein und 11a muß sich von einem ungeraden Vielfachen von 719 um ± 1 unterscheiden. Dies ist der Fall für das 19-fache von 719, woraus a = 1242 folgt. Die zugehörige Zeit ist 5 h 10 min 56 s. Durch „Spiegelung" der Zeit erhält man eine weitere Lösung 6 h 49 min 4 s mit dem entsprechenden Vielfachen 25 (von 719).

Nehmen wir nun an, Stunden- und Sekundenzeiger stehen exakt senkrecht aufeinander, während Minuten- und Stundenzeiger „fast" einen gestreckten Winkel bilden mit einer Abweichung von $\frac{1}{719}$ Vierteldrehungen. Aus h = $\frac{a}{719}$ ergibt sich, daß a eine ungerade Zahl sein muß, so daß 11a sich von einem geraden, nicht durch 4 teilbaren Vielfachen von 719 um ± 1 unterscheidet. Wenn wir die Zahlen 2, 4, 6, 14 durchprobieren, so haben wir mit 14 Erfolg und erhalten a = 915. Die entsprechenden Zeitpunkte unterscheiden sich von den bereits berechneten um 3 Stunden. Wir erhalten 3 h 49 min 4 s und den „gespiegelten" Zeitpunkt 8 h 10 min 56 s.

18 Geschickter Übertrag

Wähle eine natürliche Zahl A und addiere zu A die Quersumme. Zu diesem Resultat B addiere man die Quersumme B und erhält die Zahl C. Für welche Zahlen A ist C die Spiegelzahl zu A?

Diese Aufgabe kann man durch konventionelle Verfahren zu lösen versuchen, wie es im ersten Lösungsvorschlag ausgeführt ist. Die zweite Lösung bringt hingegen wieder einen überraschenden Einfall.

Sehr schnell findet man durch Probieren A = 12 als Lösung; es ergibt sich B = 12 + (1 + 2) = 15, C = 15 + (1 + 5) = 21, und 21 ist die Spiegelzahl zu 12. Die Frage ist also, ob A noch andere Werte annehmen kann.

Lösung. Zunächst überlegt man sich leicht, daß A höchstens zweistellig sein kann. Eine dreistellige Zahl unterscheidet sich von ihrer Spiegelzahl um 99 oder Vielfache von 99. Die beiden Additionsschritte unserer Aufgabe liefern aber höchstens die Summe von sechs Zahlen kleiner oder gleich 9; deren Beitrag ist somit höchstens 54. Eine ähnliche Überlegung führt bei mehr als dreiziffrigen Zahlen zum Ziel.

Als nächstes werden nun geeignete Gleichungen aufgestellt, für deren ganzzahlige Lösungen (sog. Diophantische Gleichungen) man sich interessiert. Die Beschäftigung mit diesem Typ von Gleichungen geht auf den vor mehr als 1700 Jahren lebenden Algebraiker zurück, von dem es heißt:

> Diophantus' fame will never die.
> Parameters tell the reason why.
> He showed how to use them to simplify
> The arduous job of "cut-and-try."

Nun lösen wir unser Problem mit dieser Methode.

(1) $a + 10b = A$;

(2) $a + 10b + a + b = 2a + 11b = B = c + 10d$;

(3) $c + 10d + c + d = C = 2c + 11d = b + 10a$.

Durch Elimination von c ergibt sich $7b = 2a + 3d$. Wegen $B - A \leq 18$ kommt für d nur eine der Zahlen b, b + 1, b + 2 in Frage. Ist $d = b$, dann ist $a = 2b$. Wegen $C - B \leq 18$ ist $a \leq b + 2$. Nur $A = 12$ und $A = 24$ erfüllen diese Bedingungen; $A = 24$ erfüllt aber nicht die Bedingungen der Aufgabe.

Für $d = b + 1$ ist $a = 2b - \frac{3}{2}$, diese Möglichkeit scheidet aus, da a, b natürliche Zahlen sind.

Für $d = b + 2$ erhalten wir $a = 2b - 3$ und $b + 2 \leq a \leq b + 4$. Von beiden möglichen Werten 57 und 69 für A erfüllt der erste die Bedingungen der Aufgabe nicht. Die einzigen Lösungen der Aufgabe sind also 12 und 69.

Nun zu der überraschenden Lösung mit Hilfe von Überträgen. Diese Methode bringt nicht nur Würze in die Lösung, sondern ermöglicht auch eine interessante Erweiterung der Aufgabe. Der Erfinder dieser Lösung schreibt: „Die beiden Additionen sind mit vier möglichen Überträgen C_1, C_2, C_3, C_4 verbunden, wobei C_i den Wert 1 bzw. 0 annimmt, wenn ein Übertrag stattfindet bzw. nicht stattfindet, oder wenn die Zehnerziffer der Quersumme gleich 1 oder 0 ist. Andere Werte kann die Zehnerziffer nicht annehmen.

Ist die Ausgangszahl $10x + y$, wobei offenbar $x < y$ ist, so kann x durch einen oder mehrere Überträge in y übergeführt werden. (Dies ist eine Bedingung zur Gewinnung der Spiegelzahl). Somit ist $y = x +$

$C_1 + C_2 + C_3 + C_4$, und durch Eliminierung von y ergibt sich für die Ausgangszahl $10x + x + C_1 + C_2 + C_3 + C_4$. Addieren wir hierzu die Quersumme $2x + C_1 + C_2 + C_3 + C_4$, so erhalten wir $13x + 2(C_1 + C_2 + C_3 + C_4)$. Die erste Ziffer dieser Zahl ist $x + C_1 + C_2$, die zweite ist $2x + C_1 + C_2 + C_3 + C_4 - 10C_1 + x + C_1 + C_2 + C_3 + C_4 - 10C_2$, d. h. $3x + 2(C_1 + C_2 + C_3 + C_4) - 10(C_1 + C_2)$. Somit ergibt sich als Quersumme $4x - 7(C_1 + C_2) + 2(C_3 + C_4)$. Addieren wir diese Quersumme zum Resultat der ersten Addition, so ergibt sich $17x - 5(C_1 + C_2) + 4(C_3 + C_4)$. Setzen wir dies mit der Spiegelzahl $10(x + C_1 + C_2 + C_3 + C_4) + x$ gleich, dann ergibt sich schließlich $6x = 15(C_1 + C_2) + 6(C_3 + C_4)$ und hieraus $x = \frac{5}{2}(C_1 + C_2) + C_3 + C_4$.

Damit x eine natürliche Zahl wird, müssen C_1 und C_2 beide entweder 0 oder 1 sein. Im Falle $C_1 = C_2 = 0$ und $C_3 = C_4 = 1$ ergibt sich als Ausgangszahl 24, die jedoch den Bedingungen der Aufgabe nicht genügt. Ist $C_3 = 0$, $C_4 = 1$, so ergibt sich A = 12. Für $C_1 = C_2 = 1$, $C_3 = C_4 = 0$ erhalten wir die Zahl 57, die jedoch die Aufgabenbedingungen nicht erfüllt. Für $C_3 = 1$ $C_4 = 0$ erhalten wir die zweite Lösung A = 69. Der Fall $C_3 = C_4 = 1$ ist nicht möglich.

Nun zur Erweiterung der Aufgabe: Im ursprünglichen Problem wurde die Addition von Quersummen zweimal vollzogen, jetzt wird vorgeschlagen, diesen Prozeß sechsmal durchzuführen (um die oben erörterte Zahl 99 zu erreichen).

Auf diese Weise erhält man als Lösungen der modifizierten Aufgabe die Zahlen 869 und 5015 (erste und letzte Ziffer sind hier gleich!). Versuchen Sie bitte, auch diese Aufgabe zu lösen.

19 Das Vermächtnis der Silberdollar

Das folgende Gespräch fand zwischen einem Mann aus Las Vegas an dessen Sterbebett und seinem Freund statt. „In den letzten Jahren habe ich jeden Silberdollar, der mir in die Finger kam, gespart. Als ich hundert Dollar zusammen hatte, verschnürte ich das Geld in einem Sack. Die ersten dreihundert Dollar waren schnell gespart, und ich hoffte, bald tausend beisammen zu haben, doch schaffte ich es nicht. Die verschiedenen Säckchen mit je hundert Dollar habe ich im Nebenzimmer in einem Wandschrank aufbewahrt. Nun möchte ich dich als meinen

Freund bitten, meinen minderjährigen Sohn (noch nicht 21 Jahre alt!) aufzusuchen und ihm zum nächsten Geburtstag und auch zu den folgenden, den seinem Alter entsprechenden Betrag in Dollar auszubezahlen. Ich meine, daß bei deinem letzten Besuch das Geld ,restlos' aufgebraucht sein wird." „Das ist ja interessant", bemerkte der Freund. „Bevor ich mir die Geldsäcke anschaue, möchte ich versuchen herauszufinden, wieviele Besuche erforderlich sein werden." Nach einer Weile fuhr der Freund fort „Ich muß noch wissen, wie alt dein Sohn ist." Nachdem er das Alter erfahren hatte, sagte er „Nun weiß ich, wie oft ich deinen Sohn besuchen muß." Wissen Sie es auch?

Lösung. Für die Anzahl x der Geldsäcke gilt $3 < x < 10$. Ist k das Alter des Sohnes vor dem Tod seines Vaters, $k < 21$ und n die Anzahl der Besuche des Freundes, so kann man folgende Gleichung aufstellen:

$$100\,x = kn + \frac{n\,(n+1)}{2}\,.$$

Durch Umformen ergibt sich die quadratische Gleichung

$$n^2 + (2k+1)\,n - 200x = 0.$$

Der springende Punkt bei der weiteren Behandlung dieser Gleichung besteht darin, allein auf die Ganzzahligkeit der Lösungen zu achten. Die allgemeine quadratische Gleichung $ax^2 + bx + c = 0$ wird bekanntlich durch die Zahlen $x_{1/2} = \dfrac{-b \pm \sqrt{b^2 - 4ac}}{2a}$ gelöst. Auf unsere Situation bezogen muß also der Radikand $b^2 - 4ac$ (die sog. Diskriminante), d. h. $(2k+1)^2 + 800x$ ein vollständiges Quadrat sein. In diesen Ausdruck werden nun die für k und x zulässigen Werte eingesetzt und mit Hilfe einer Tafel für Quadratzahlen (oder mit dem Taschenrechner) erhält man die folgenden ganzzahligen positiven Lösungen der obigen Gleichung

k	2	2	3	7	11	15	19
x	7	9	4	5	6	7	8
n	35	40	25	25	25	25	25

Da durch das Alter des Sohnes die Anzahl der Besuche eindeutig bestimmt sein sollte, kommen die Werte $n = 35$, $n = 40$ nicht als Lösungen in Betracht. Somit ist die Anzahl der erforderlichen Besuche gleich 25.

20 Interessantes zur Pellschen Gleichung

Das folgende Problem von Professor Thebault aus Frankreich stammt wieder aus dem Reich der Zahlen.

Man zeige für Lösungen der sog. Pellschen Gleichung $2x^2 - y^2 = 1$ (sie ist nach einem bekannten englischen Mathematiker des 17. Jahrhunderts benannt, der u.a. das Divisionszeichen $\div$ einführte): Ist die Endziffer der kleineren Zahl x gleich 5, so ist die größere Zahl y durch 7 teilbar. Analoges gilt für die Zahlen 29 und 41.

Lösung. Die Lösungen der Gleichung $2x^2 - x^2 = 1$ können durch die Rekursionsbeziehung $t_{n+2} = 6t_{n+1} - t_n$ und die speziellen Lösungen $(x_0 = 1, y_0 = 1)$, $(x_1 = 5, y_1 = 7)$ erhalten werden (s. unten). Setzt man etwa $t_0 = x_0 = 1$, $t_1 = x_1 = 5$, so ergibt sich $x_2 := t_2 = 29$; analog errechnet man $y_2 = 41$. Die ersten 6 Lösungen der Pellschen Gleichung lauten:

$$x = 1, 5, 29, 169, 985, 5741; \quad y = 1, 7, 41, 239, 1393, 8119.$$

Wir dividieren die x-Werte durch 10 und die y-Werte durch 7 und untersuchen die jeweiligen Reste.

Für x erhält man: 1, 5, 9, 9, 5, 1, ...
Für y erhält man: 1, 0, 6, 1, 0, 6, ...

Setzt man die Berechnung der Reste weiter fort, so sieht man, daß sich die Reste periodisch wiederholen. Außerdem entspricht dem Rest 5 in der x-Reihe jeweils der Rest 0 in der y-Reihe. Hat also x die Endziffer 5, so ist y durch 7 teilbar.

Die gleiche Überlegung funktioniert für die beiden Endziffern 29 für x und die Teilbarkeit durch 42 für y; hier betrachtet man natürlich die Reste von x bei Division durch 100.

Einer unserer Leser begründete die oben verwendete Rekursionsbeziehung so: „Die natürlichen Zahlen x und y mit $y \leqslant x \leqslant 2y$ seien Lösungen einer der Gleichungen $2y^2 = x^2 \pm 1$. Wenn wir diese Gleichung umformen zu $2(x-y)^2 = (2y-x)^2 \pm 1$, so zeigt sich, daß das gegenüber (x, y) kleinere Zahlenpaar $(2y-x, x-y)$ Lösung der anderen Gleichung ist. Auf diese Weise gelangen wir zur kleinsten positiven Lösung (1, 0) dieser Gleichungen. Wegen

$$\frac{x + y\sqrt{2}}{1 + \sqrt{2}} = (2y - x) + (x - y)\sqrt{2}$$

läuft diese Reduktion auf eine fortgesetzte Division von $x + \sqrt{2}\, y$ durch $1 + \sqrt{2}$ hinaus. Sämtliche Lösungen (x, y) gewinnt man aus $x + y\sqrt{2} = (1 + \sqrt{2})^n$. Ein so erhaltener Wert x teilt den aus $(1 + \sqrt{2})^{mn} = (x + y\sqrt{2})^m$ gewonnenen Wert x, wenn m ungerade ist. Entwickelt man nämlich $(x + y\sqrt{2})^m$, so enthält nur der Term $(y\sqrt{2})^m$ den Faktor x nicht; da aber m ungerade ist, ist $(y\sqrt{2})^m$ von der Form $c \cdot \sqrt{2}$.

Die von Thebault betrachteten Zahlen beziehen sich auf die Gleichung $2y^2 = x^2 + 1$, somit muß der Exponent n ungerade gewählt werden. Für $n = 1, 3, 5, 7, 9$ ergibt sich

x =	1	y =	1
	7		5
	41		29
	239		169
	1393		985

Somit ist x durch 7 bzw. 41 teilbar, wenn n ein ungerades Vielfaches von 3 bzw. 5 ist. Sowohl für die Zahlen der x- auch y-Spalte stellt man fest: jede Zahl (ab der dritten) ist das 6-fache der darüber stehenden Zahl minus der nächst höher stehenden Zahl. Allgemein folgt dies aus der Identität.

$$(1 + \sqrt{2})^{n+4} = 6\,(1 + \sqrt{2})^{n+2} - (1 + \sqrt{2})^n$$

Betrachten wir nur die beiden letzten Ziffern der Zahlen der y-Spalte so ergibt sich:
01, 05, 29, 69, 85, 41, 61, 25, 89, 65, 81, 21, 45, 49, 49, 45, 21, 81, ...
Nachdem im 15. Schritt ($n = 29$) das Endzifferpaar 49 erscheint, wiederholen sich die Endzifferpaare in umgekehrter Reihenfolge, sodann in ursprünglicher Reihenfolge usw. Somit gibt es nur 15 verschiedene Endzifferpaare für y. Ist n ein ungerade Vielfaches von 3, so ist die Endziffer von y gleich 5. Für $n = 5, 55, 65, 115, 125$ usw. sind die beiden Endziffern gleich 29. Damit ist die Aufgabe gelöst.

Man kann noch einen Schritt weiter gehen. Das Endzifferpaar 25 erscheint bei den ungeraden Vielfachen von $n = 15$. Der entsprechende x-Wert ist dann durch $275807 = 7 \cdot 31^2 \cdot 41$ teilbar. Damit sind alle Möglichkeiten erschöpft, da keines der übrigen Endzifferpaare stets bei ungeraden Vielfachen des kleinsten relevanten Exponenten n auftritt. Der Grund ist klar: dieses n muß ein ungerader Teiler der Zyklenlänge 30 sein.“

21 Kleinstes, einbeschriebenes, gleichseitiges Dreieck

Im folgenden Problem wird deutlich, welche Vielfalt an Lösungen für eine recht konventionelle Aufgabe möglich ist.

Gesucht ist die Fläche eines gleichseitigen Dreiecks mit minimaler Seitenlänge, das einem rechtwinkligen Dreieck mit Katheten a und b einbeschrieben ist.

Wir·erhielten eine ganze Reihe origineller Lösungen, in denen z. T. einfallsreiche Methoden der analytischen Geometrie angewandt wurden (s. unten); am kürzesten kommt man wohl ans Ziel, wenn man Trigonometrie und Differentialrechnung benutzt. Diesen Weg kann man sich weiter durch Einführung zweier nützlicher Parameter erleichtern.

Lösung. Aus Bild 35 erkennt man zwischen s und ϕ die Beziehung

$$b = s \cdot \cos \phi + \frac{s \cdot \sin (60^\circ + \phi - \Theta)}{\sin \Theta}$$

Durch Einführung der Parameter $r = \sqrt{3} + \dfrac{b}{a}$ und $p = \dfrac{\sqrt{3}b}{a} + 1$ können wir diese Gleichung vereinfachen zu $\dfrac{1}{s} = \dfrac{r \cdot \sin \phi + p \cos \Theta}{2b}$. Da $\dfrac{1}{s}$ in Abhängigkeit von ϕ maximal werden soll, differenzieren wir nach ϕ, setzten die Ableitung gleich Null und erhalten $\tan \phi = \dfrac{r}{p}$. Hieraus folgt $s^2 = \dfrac{a^2 b^2}{a^2 + 3ab + b^2}$, und der gesuchte Flächeninhalt ergibt sich daraus durch Multiplikation mit dem Faktor $\dfrac{\sqrt{3}}{4}$.

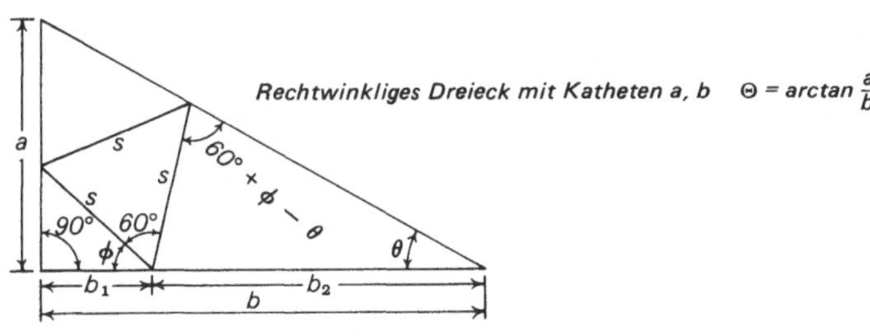

Bild 35

Das gleiche Resultat wurde auf einem ganz anderen, interessanten aber beträchtlich längeren Weg so gefunden: „Wenn wir ein beliebiges gleichseitiges Dreieck so bewegen, daß zwei seiner Eckpunkte stets auf zueinander senkrechten Geraden AC, BC liegen, so beschreibt der dritte Eckpunkt eine Ellipse (Bild 36).

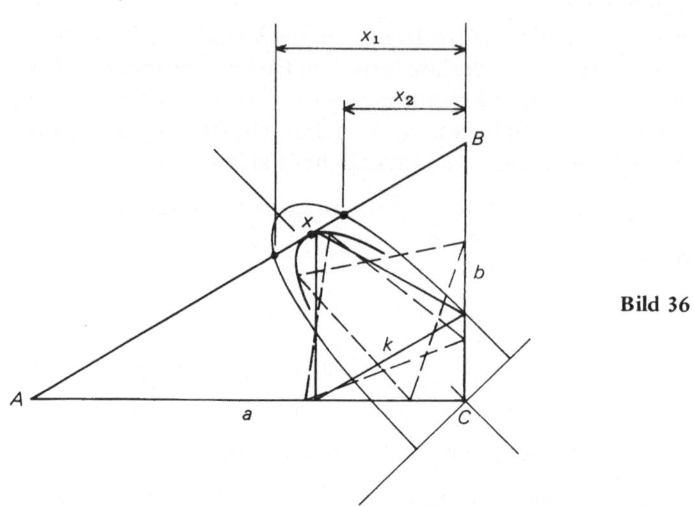

Bild 36

Verfolgen wir nun die Bewegung des dritten Eckpunktes, wenn die beiden anderen auf den Katheten eines rechtwinkligen Dreiecks ABC liegen (Bild 36). Die erzeugte Ellipse kann die Hypothenuse in zwei Punkten (x_1 und x_2) in keinem Punkt oder in genau einem Punkt x schneiden. Für den letztgenannten Fall erhält man ein gleichseitiges Dreieck minimaler Seitenlänge k, aus der dann die Fläche des Dreiecks berechnet werden kann.

Als Gleichung der gesuchten Ellipse bezüglich des Koordinatensystems mit Achsen AC, BC erhält man $x^2 - \sqrt{3}xy + y^2 = \frac{1}{4}k^2$. Durch Berücksichtigung der weiteren Bedingungen für die Ellipse (Tangente an die Hypothenuse) ergibt sich schließlich der gesuchte Wert für k.

Da eine Halbachse der obigen Ellipse den rechten Winkel bei C halbiert, haben wir ein graphisches Verfahren zur Konstruktion des Punkts X: Die Winkelhalbierende des rechten Winkels bei C schneidet die Hypothenuse in G. Auf dem Lot zu CG und B liegt der Punkt D. Die genaue Lage von D erhält man mit Hilfe des Faktors $2 + \sqrt{3}$ in der angegebenen Weise (Bild 37).

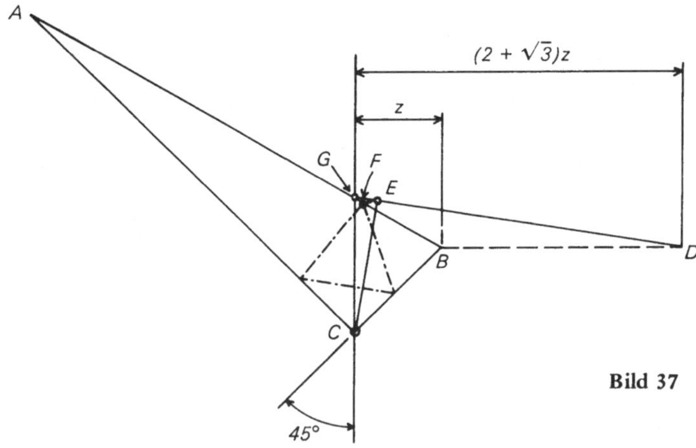

Bild 37

Auf der Geraden GD wird nun der Punkt E so bestimmt, daß EC senkrecht zu GD ist. Nun wird E senkrecht zu CG auf die Hypothenuse projiziert; der so erhaltene Punkt F ist der gesuchte Berührpunkt der Ellipse auf der Hypothenuse und gleichzeitig Eckpunkt des gesuchten gleichseitigen Dreiecks.

Ein anderer origineller Lösungsvorschlag beschäftigt sich zunächst mit dem Umkehrproblem: „Einem gleichseitigen Dreieck ist ein rechtwinkliges Dreieck mit maximaler Fläche umzubeschreiben; das Verhältnis der Katheten ist gegeben." Aus Platzgründen können wir auf die geometrische Lösung dieses Problems nicht eingehen. Der Leser möge es selbst versuchen!

Wir bringen nun noch eine typische Lösung, die Methoden der analytischen Geometrie verwendet.

Die Ecken des gegebenen rechtwinkligen Dreiecks mögen die Koordinaten $(0, 0)$, $(a, 0)$, $(0, b)$ haben (Bild 38).

Zwei Ecken des gesuchten gleichseitigen Dreiecks seien $(u, 0)$ und $(0, v)$, dann hat die dritte Ecke die Koordinaten $\frac{u}{2} + \frac{\sqrt{3}\,v}{2}, \frac{v}{2} + \frac{\sqrt{3}\,u}{2}$; dies ergibt sich leicht aus trigonometrischen Überlegungen. Da die dritte Ecke auf der Hypothenusegeraden ay + bx = ab liegt, ergibt sich

$$\left(\frac{a}{2} + \frac{\sqrt{3}\,b}{2}\right) v + \left(\frac{b}{2} + \frac{\sqrt{3}\,a}{2}\right) u = ab.$$

Da $s^2 = u^2 + v^2$ minimal werden soll, erhalten wir

$$u = \frac{ab\left(\frac{b}{2} + \frac{\sqrt{3}\,a}{2}\right)}{a^2 + \sqrt{3}\,ab + b^2} \quad \text{und} \quad v = \frac{ab\left(\frac{a}{2} + \frac{\sqrt{3}\,b}{2}\right)}{a^2 + \sqrt{3}\,ab + b^2}$$

Die Fläche des eingeschriebenen gleichseitigen Dreiecks ist dann

$$\frac{\sqrt{3}}{4}\,(u^2 + v^2) = \frac{\sqrt{3}\,a^2\,b^2}{4\,(a^2 + \sqrt{3}\,ab + b^2)}$$

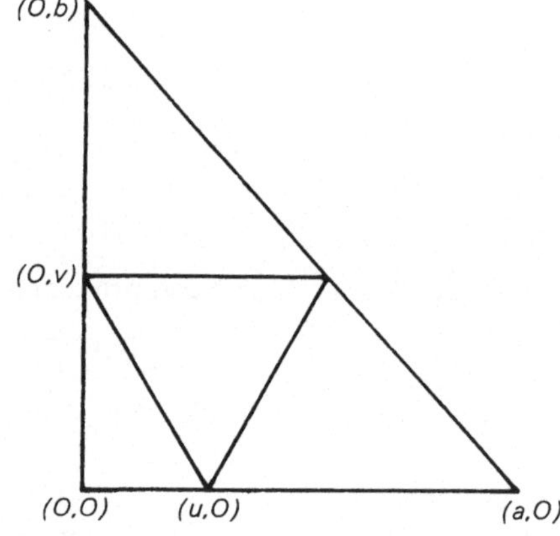

Bild 38

22 Die Farm in Todd County

Die beste und kürzeste Lösung der folgenden Logelei wurde uns von D. Parkinson mitgeteilt.

Die Aufgabe:

Smith. Im Todd-Bezirk, einem Quadrat von 23 Meilen Seitenlänge, liegt meine rechteckige Farm. Längs- und Breitseite der Farm sind parallel zu den Bezirksgrenzen und ihre Längen sind ganzzahlig.

Jones. Warte einen Augenblick. Ich glaube, ich kenne zufällig die Fläche deiner Farm. Mal sehen, ob ich die Länge ausrechnen kann. (Er rechnet wild drauflos). Ich brauche noch zusätzliche Information. Ist die Breite der Farm größer als die halbe Länge? (Smith beantwortet die Frage.)

Jones. Jetzt weiß ich, wie lang sie ist.

Brown. Ich weiß auch wie groß die Fläche ist, und obwohl ich die Antwort auf Jones Frage nicht hörte, weiß ich auch, wie lang sie ist.

Green. Ich kannte die Fläche nicht, doch jetzt weiß ich die Länge der Farm.

Wie lang ist die Farm?

Lösung von D. Parkinson: „Da Jones, der die Fläche F kannte, die Länge heraus bekam als seine Frage: „Ist $B > \frac{L}{2}$?" beantwortet wurde, muß F eine eindeutige Zerlegung $F = L \cdot B$ besitzen, wobei entweder $B < \frac{L}{2}$ oder $B > \frac{L}{2}$. Für den Fall $B < \frac{L}{2}$ erhält man als einzig mögliche Flächen:

$$180 = 20 \cdot 9 = 18 \cdot 10 = 15 \cdot 12 \qquad \text{und}$$
$$120 = 20 \cdot 6 = 15 \cdot 8 = 12 \cdot 10$$

Im Fall $B > \frac{L}{2}$ ergeben sich die Flächen:

$$60 = 6 \cdot 10 = 5 \cdot 12 = 4 \cdot 15 = 3 \cdot 20$$
$$40 = 5 \cdot 8 = 4 \cdot 10 = 2 \cdot 20$$
$$24 = 4 \cdot 6 = 3 \cdot 8 = 2 \cdot 12$$

Jede dieser 5 möglichen Flächen erfüllt den Jones und Brown betreffenden Teil des Gesprächs. Da Brown die Fläche der Ranch kennt, hätte er allein aufgrund Jones Frage — ohne Smith's Antwort zu kennen — die Länge eindeutig aus den Möglichkeiten 20, 20, 10, 8, 6 identifizieren können.

Green, der wie wir die tatsächliche Fläche nicht kennt, hätte ebenfalls nach Jones Äußerungen die 5 Flächenwerte 180, 120, 60, 40, 24 bestimmen können. Da Green nach Smith's Antwort die Länge weiß, können wir schließen, daß durch diese Antwort zwar die Länge, nicht jedoch die Fläche eindeutig bestimmt ist. Dies ist genau bei $B < \frac{L}{2}$ (als Antwort von Smith) der Fall: die Länge ist 20, die Breite 9 oder 6 und die Fläche entsprechend 180 oder 120."

23 Neue Wege zu den Wurzeln

In dieser Aufgabe geht es um eine originelle und, wie wir meinen, neue Methode zum Radizieren. Sie ist besonders gut geeignet in Situationen, wo keine Zahlentafeln oder kein Taschenrechner verfügbar ist. Die Methode hat ein 17-jähriger Student aus Milwaukee erfunden und liefert im Ergebnis bis zu 4 genaue Stellen, was im allgemeinen in der Praxis ausreicht.

Bei dem neuen Verfahren wird die geläufige Methode der sukzessiven Division durch folgendes Vorgehen ersetzt: Die zu radizierende Zahl wird — unter Berücksichtigung von eventuell auftretenden Kommastellen — zur nächstliegenden Quadratzahl, entweder a^2 oder $a^2 + 2a + 1 =: b^2$ addiert und das Resultat durch 2a oder 2b dividiert. Das Resultat B ist eine natürliche Zahl plus ein Dezimalbruch k kleiner als eins. Von B, der sog. Basis, wird nun der „Überschuß", entweder $\frac{k^2}{2a + 1}$ oder $\frac{(1 - k)^2}{2b - 1}$ subtrahiert. Das Resultat ist die gesuchte Wurzel.

Beispiele: Wir bestimmen die Wurzel von 29,6 und 827.

Für 29,6 ist a = 5 und die Basis ist $\frac{54,6}{10}$ = 5,46; somit ist k = 0,46 und der Überschuß $\frac{(0,46)^2}{11}$ = 0,0192. Dies ergibt $\sqrt{29,6}$ = 5,4408, während wir einer Tafel den Wert 5,4406 entnehmen können.

Für 827 ist b = 29 und die Basis $\frac{1668}{58}$ = 28,7586; somit ist k = 0,7586 und der Überschuß $\frac{(1 - 0,7586)^2}{57}$ = 0,0010.

Damit erhalten wir $\sqrt{827}$ = 28,7576, was mit dem entsprechenden Wert aus einer Tafel übereinstimmt.

(Hätte man die Wurzel aus 8,27 zu ziehen gehabt, so wäre man in gleicher Weise wie oben vorgegangen und hätte anschließend im Ergebnis die Kommastelle berücksichtigt, d. h. $\sqrt{8,27}$ = 2,87576.) Weshalb funktioniert das Verfahren? Man gebe eine Fehlerabschätzung des Verfahrens an.

Lösung. Zum Vergleich der beiden Verfahren erörtern wir zunächst die übliche Radizierungsmethode vor Verwendung der Logarithmentafel und des Rechners, die manche der Leser vielleicht noch aus der Schule kennen.

MATHEMATICAL NURSERY RHYME No. 12

Higgledy, piggledy—, my son Mead
Can swing a club like Sammy Snead.
The ball soars far, straight down the course,
Through well-controlled centrifugal force—
The force that paired with gravity
Guides moons and planets constantly,
The force that keeps us on the beam,
Impels the governor, draws the cream.
Three forty-one millionths times weight, indeed,
Times radius, times square of speed—
Gives the measure of this wondrous force,
—Which powers the Graham Drive, of course.

MATHEMATICAL NURSERY RHYME No. 13

Humpty Dumpty sat on a wall,
Starting from rest to have his great fall,
The distance he fell, the king's men will swear,
Measured exactly $\frac{1}{2} gt^2$.

MATHEMATICAL NURSERY RHYME No. 14

Over the water and over the lea,
All the world over, technicians agree
One formula transcends all formulae :—
E equals M times the square of C,
Found by that wondrous Albert E.,
Who showed how atomic energy
Derives from mass and light's velocity—
Strange truth that may shape man's destiny.

MATHEMATICAL NURSERY RHYME No. 15

Bobby Shaftoe's gone to sea,
Silver buckles on his knee ;
He'll come back and marry me,
Bonny Bobby Shaftoe.
My love for him will never die,
I count him as my hero—
My love exceeds one over y
As y approaches zero.

Um z. B. $\sqrt{189225}$ zu berechnen, geht man so vor:

$$\sqrt{18\ 92\ 25} = 435$$

```
√ 18 92 25 = 435
  16
   2 92    : 83
   2 49
     43 25 : 865          Bild 39
     43 25
         0
```

Zunächst werden von der letzten Stelle an (rechts) Ziffernpaare abge-
teilt (in unserem Fall: drei Paare). Vom ersten Ziffernpaar (oder Einzel-
ziffer) links wird das größtmögliche Quadrat subtrahiert. Die Wurzel
aus diesem Quadrat ergibt die erste Ziffer (von links) des Endergebnisses. Nun wird 4 mit 2 multipliziert und die nächste Ziffer 3 des Endergebnisses in der angegebenen Weise durch Division gefunden. Das
Verfahren wird fortgesetzt bis zur letzten Ziffer 5 des Endergebnisses.

Die am Beispiel beschriebene Radizierungsmethode beruht — für
einen 6-ziffrigen Radikanden, wie oben — auf der algebraischen Darstellung des Radikanden in der Form $A = (100a + 10b + c)^2$. Dabei entspricht 180 000 dem Term $(100a)^2$, also der nächstliegenden Quadratzahl, d. h. $a = 4$. Im nächsten Schritt wird die Differenz 29 225 gebildet
und davon 24 900 subtrahiert. In der Entwicklung von A entspricht
24 900 dem Term $(200a + 10b)\,10b$, wobei man für b durch Division
den Wert 3 erhält. Der Rest 4325 entspricht dem Term $(200a + 20b + c)c$
der Entwicklung von A (alle Glieder, die c enthalten) und durch Division
ergibt sich $c = 5$.

Sehen wir uns zum Vergleich noch einmal die Bestimmung von
$\sqrt{1897}$ nach unserem obigen Verfahren an. Addieren wir zu 1897 die
nächstgelegene Quadratzahl 1849, so ergibt sich 3746. Wenn wir das
Resultat von 1897 auf vier Stellen genau haben wollen, wird der Quotient $3746 : 86$ auf vier Stellen ausgerechnet. Vom Resultat 43, 5581
wird nun $\frac{(0{,}5581)^2}{87} = 0{,}0036$ subtrahiert, und man erhält das gewünschte
Ergebnis 43,5545 auf vier Stellen genau. —

Übrigens kann dieses Verfahren auch zur Ermittlung der Kubik-
wurzel verwendet werden. Einige unserer Leser beschäftigten sich aus-
giebiger mit der dem Verfahren zugrunde liegenden Theorie und erhielten für $n = 10, \ldots 1000$ und den entsprechenden Werten für a und b mit
$3 \leqslant a \leqslant 31$ und $4 \leqslant b \leqslant 32$ einen Fehler von höchstens 0,001.

Eine detaillierte Fehleranalyse kann an dieser Stelle nicht durchgeführt werden. Der Erfinder der Methode macht dazu folgende Plausibilitätsbetrachtung: „Das Verfahren beruht auf der Binomialformel. Der erste mit dem Verfahren zu gewinnende Term entspricht den beiden ersten Termen der Binomialformel; der zweite Term $\frac{k^2}{D}$ entspricht ungefähr dem arithmetischen Mittel aus dem dritten und vierten Term der Binomialformel. Mein Verfahren berücksichtigt somit vier Terme der Binomialentwicklung. Der dritte Term der Binomialformel liefert eine Genauigkeit bis etwa zur dritten Dezimalstelle, der vierte Term bis etwa zur vierten Dezimalstelle. Aufgrund der Konstruktion des zweiten verbesserten Terms meines Verfahrens, ergibt sich eine Genauigkeit von etwa drei bis vier Dezimalstellen."

24 Das verlorene Paddel und die Zugbewegung

Gemeinsamer Hintergrund der beiden folgenden Aufgaben ist der Begriff der Relativgeschwindigkeit.

Das verlorene Paddel

In dieser Aufgabe geht es um einen Mann, der von der Anlegestelle mit seinem Motorboot stromaufwärts fuhr und 1 Meile von der Anlegestelle entfernt unter einer Brücke sein Notpaddel verlor. Er bemerkte den Verlust jedoch erst 10 Minuten später, worauf er sofort umkehrte, stromabwärts fuhr und genau bei der Anlegestelle sein Paddel aus dem Wasser fischen konnte. Angenommen, der Mann fuhr mit konstanter Geschwindigkeit, und der Zeitverlust beim Wenden ist vernachlässigbar; wie groß ist die Strömungsgeschwindigkeit des Flusses?

Lösung. Diese Aufgabe enthält ein einfaches Problem zur Relativgeschwindigkeit; dennoch füllten einige Leser mehrere Seiten mit algebraischen Rechnungen, um die Lösung zu finden.

Da das Paddel keinen Antrieb hat, ist seine Geschwindigkeit relativ zum Fluß gleich Null. Andererseits hat das Boot relativ zum Fluß — unabhängig von dessen Geschwindigkeit — eine konstante Geschwindigkeit. Folglich braucht das Boot vom Umkehrpunkt bis zur Bergung des

Paddels die gleiche Zeit, nämlich 10 Minuten, wie von der Brücke bis zum Umkehrpunkt. Da das Paddel (und der Fluß) in diesen 20 Minuten 1 Meile zurücklegen, ist die Strömungsgeschwindigkeit 3 Meilen pro Stunde.

Ein Leser illustrierte diese Lösung mit zwei hübschen Zeichnungen (Bild 40) und faßte die Lösung in einen Vers:

When he finds that his paddle's gone,
The loss occuring ten minutes before,
His state, when all is said and done
Is ten minutes upstream from the missing oar.

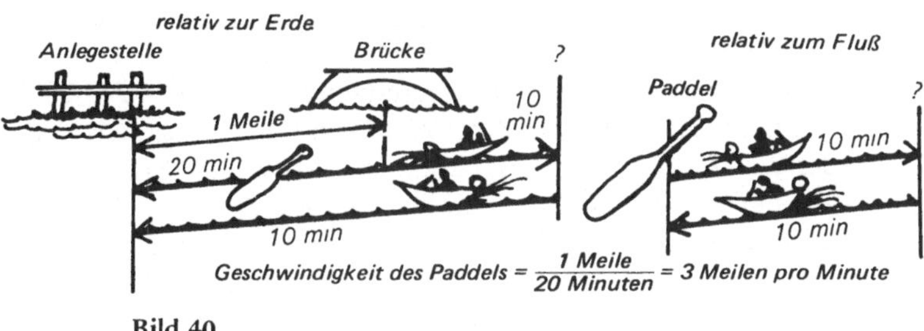

Bild 40

Zugbegegnung

Ein Personenzug, der x mal so schnell ist wie ein Güterzug, braucht zum Überholen x mal so lange als wenn die Züge in entgegengesetzter Richtung aneinander vorbeifahren.

Lösung. In der optimalen Lösung wird zusätzlich Vereinfachung dadurch erzielt, daß die Geschwindigkeit des Güterzugs als 1 und die Gesamtlänge der beiden Züge auch als 1 angenommen wird.

Bei entgegengesetzter Bewegungsrichtung ist die Relativgeschwindigkeit der Züge $x + 1$, beim Überholen ist sie $x - 1$. Damit erhält man die Gleichung $\frac{1}{x - 1} = \frac{x}{x + 1}$, woraus sich $x = 2,414 \ldots$ ergibt.

Vergleichen Sie die Einfachheit dieser Lösung mit der gleichermaßen korrekten, aber weit weniger geschickten Berechnung unten, die in üblicher Weise abläuft und statt der beiden Einheiten zwei überflüssige Variablen benutzt. Der Vergleich beider Lösungen zeigt deutlich die Wirksamkeit des „einfallsreichen Lösungssatzes".

Y bzw. XY seien die Geschwindigkeiten des Güter- bzw. Personenzugs. Die Relativgeschwindigkeit der Züge bei entgegengesetzter Bewegungsrichtung ist $XY + Y = Y (X + 1)$. Sind W bzw. Z die Länge des Personen- bzw. Güterzugs, so ist die entsprechende zurückgelegte Strecke gleich $W + Z$. (Bild 41)

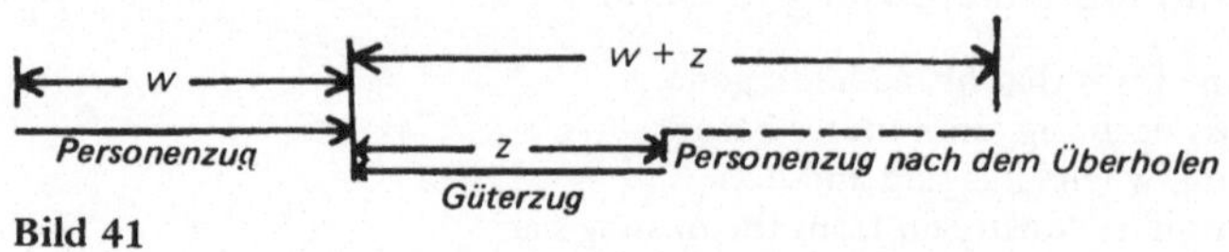

Bild 41

Fahren die beiden Züge in der Zeit T aneinander vorbei, so gilt $Y (X + 1) T = W + Z$.

Beim Überholen ist die Relativgeschwindigkeit $XY - Y = Y (X - 1)$, die zum Überholen benötigte Zeit ist XT, und die zurückgelegte Strecke ist wieder $W + Z$. In diesem Fall haben wir also $Y (X - 1) XT = W + Z$.

Aus beiden Gleichungen ergibt sich $Y (X + 1) T = Y (X - 1) XT$ und somit $X + 1 = (X - 1) X$. Weiter erhalten wir hieraus die quadratische Gleichung $X^2 - 2X - 1 = 0$ mit den Lösungen $1 \pm \sqrt{2}$. Die positive Lösung ergibt $X = 1 + \sqrt{2} = 2{,}413 \ldots$

Dieser Wert erfüllt die Bedingungen der Aufgabe; fährt also z. B. der Güterzug mit 30 km/h, dann hat der Personenzug etwa eine Geschwindigkeit von 72,4 km/h.

25 Quickies

Wir bringen hier zur Auflockerung eine Reihe von Quickies, zu deren Lösung man höchstens 5–10 Minuten aufwenden sollte, wenn der Ansatz gefunden ist.

Tausend Zahlen

„Man bestimmte auf möglichst einfachem Wege 1000 aufeinander folgende Zahlen, von denen keine eine Primzahl ist." Der Einsender dieser Aufgabe legte folgende Lösung bei: „Man nehme die 1000 Zahlen $1001! + 2, \ldots 1001! + 1001$." Obwohl diese Lösung korrekt ist, sind

dies nicht die kleinsten Zahlen, die der Bedingung der Aufgabe genügen. Wieder einmal bestätigte sich bei dieser Aufgabe, daß die Leser des Dial häufig Lösungen einsandten, die den Lösungen der Aufgabensteller überlegen waren.
Kann man in diesem Sinne auch die obige Lösung verbessern?

Lösung. Bilde das Produkt N aller Primzahlen zwischen 2 und 1001. Unsere gesuchten 1000 Zahlen sind dann: N − 1001, N − 1000, ..., N − 4, N − 3, N − 2. Erklärung: Sei Z ≠ 1 ein Teiler von 1001, dann ist N ein Vielfaches von Z, ebenso N − 1001. Ein analoger Schluß kann auf die übrigen 999 Zahlen angewandt werden. Man hätte übrigens auch folgende Zahlen wählen können: N + 2, N + 3, ..., N + 1001.

Das reibungslose Teilchen auf der Kugel

Vom höchsten Punkt einer Kugel gleitet ein Teilchen ohne Reibung mit Anfangsgeschwindigkeit Null. Wo, d. h. bei welchem Winkel verläßt das Teilchen die Kugel?

Lösung. Da sich das Teilchen reibungslos vom Punkt T aus bewegt (Bild 42), hat es im Punkt E — mit vertikalem Abstand h von T — die gleiche Geschwindigkeit v, als wenn es die Strecke h frei gefallen wäre; es gilt also $v = \sqrt{2gh}$ bzw. $v^2 = 2gh$. Ist m die Masse des Teilchens, so hat die zum Kugelmittelpunkt gerichtete senkrechte Komponente des Gewichts die Größe $p = mg \sin \Theta$.

Andererseits wirkt auf das Teilchen in E eine Zentrifugalkraft der Größe $\frac{mv^2}{r}$. Aus $mg \sin \Theta = \frac{mv^2}{r}$ erhalten wir mit $v^2 = 2gh$ die Gleichung $mg \sin \Theta = \frac{2mgh}{r}$.

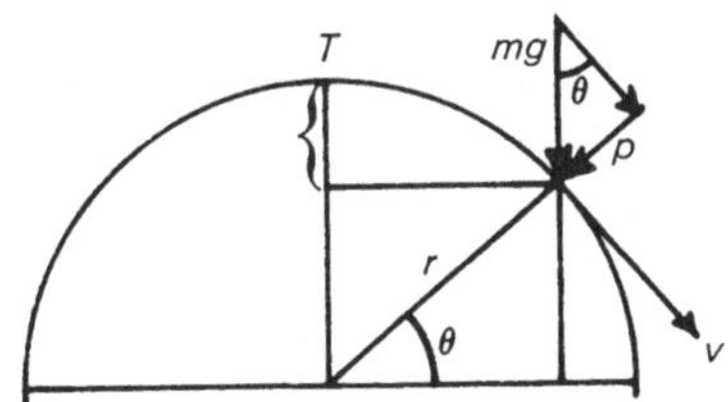

Bild 42

Aus der Zeichnung ersehen wir: $h = r - r \sin \Theta = r(1 - \sin \Theta)$. Setzen wir dies in obige Gleichung ein, so erhalten wir $\sin \Theta = 2(1 - \sin \Theta)$ und hieraus $3 \sin \Theta = 2$. Somit ist $\Theta = 41°59'$, und der gesuchte Winkel ist $48°11'$.

Minimaler Abfall

Ein Techniker soll genau 4 Gallonen (~ 15 l) Raketentreibstoff holen. Zum Abmessen und für den Transport der Flüssigkeit stehen ihm jedoch nur ein 5-Gallonen- und ein 3-Gallonen-Behälter zur Verfügung. Wenn außer den benötigten 4 Gallonen alle andere verschüttete oder übrige Flüssigkeit als Abfall gerechnet wird, wie kann die Aufgabe mit möglichst wenig Abfall erledigt werden?

Lösung. Viele Dial-Leser fanden offensichtlich durch Ausprobieren die korrekte Lösung mit einem Abfall von 5 Gallonen. Einer der Leser erzielte folgende systematische Lösung: „Betrachtet man verschiedene Sequenzen von Umschüttungen, so ergibt sich, daß das Nachfüllen aus dem Reservetank immer in den ersten gefüllten Behälter erfolgt, während zum Ausschütten immer der zweite Behälter benutzt wird. Bezeichnen wir also mit N (bzw. N') die Anzahl der Füllungen des ersten Behälters und mit M (bzw. M') die Anzahl der Ausschüttungen aus dem zweiten Behälter, so muß gelten $3N - 4 = 5M$ und $5N' - 4 = 3M'$. Diese Gleichungen müssen nun für minimale Werte von M, N bzw. M', N', gelöst werden. Aus der ersten Gleichung erhalten wir $N = 3$, $M = 1$ und aus der zweiten $N' = 2$, $M' = 2$. Im ersten Fall beträgt der Abfall ($5M$) 5 Gallonen, im zweiten ($3M'$) 6 Gallonen. Um möglichst wenig Abfall zu haben, muß der 3-Gallonen-Behälter zuerst gefüllt werden. Die vollständige Folge der Umfüllungen lautet somit (vgl. Bild 43 unten): 3 Gallonen-Behälter füllen, 3 Gallonen umfüllen in 5 Gallonen-Behälter, 3-er Behälter füllen, davon 2 Gallonen in den 5-er Behälter, der jetzt voll ist, Gesamtinhalt des 5-er Behälters wegschütten, die im 3-er Behälter verbliebene 1 Gallone in den nun leeren 5-er Behälter, Füllen des 3-er Behälters, Umfüllen der 3 Gallonen in den 5-er Behälter, fertig (im 5-er Behälter sind jetzt 4 Gallonen).

Die Tabelle in Bild 43 oben zeigt den Fall, daß der 5 Gallonen-Behälter als erster gefüllt wird. Hier ist der Abfall größer.

	3 Gal.	5 Gal.	Abfall
1.	—	5	
2.	3	2	
3.	0	2	3
4.	2	0	
5.	2	5	
6.	3	4	
7.	0	4	3
Summe			

Bild 43

	3 Gal.	5 Gal.	Abfall
1.	3	—	
2.	—	3	
3.	3	3	
4.	1	5	
5.	1	—	5
6.	0	1	
7.	3	1	
8.	—	4	
Summe			

Gemeinsames Volumen

Zwei Zylinder mit gleichem Radius durchdringen sich so, daß sich ihre Achsen senkrecht schneiden. Wie groß ist das gemeinsame Volumen? Der Einsender dieses Quickies fügte noch folgenden Bericht bei:

Zwei junge Ingenieure von General Electric, die sich eines Tages zur Zeit der Jahrhundertwende den ganzen Vormittag erfolglos mit der Aufgabe herumgeschlagen hatten, stellten beim Mittagessen Charles Proteus Steinmetz das Problem. Steinmetz blickte kurz vom Tisch auf, nahm seine Brasil aus dem Mund und gab sofort die richtige Antwort.

Packt man das Problem richtig an, kommt man ohne aufwendige Mathematik aus. Wie lange brauchen Sie zur Lösung?

Lösung. Wenn man geschickt vorgeht, kann man die Lösung mit einer Zeile Algebra schaffen. Die Leserzuschriften brachten eine Reihe interessanter Antworten und auch manche Erinnerungen:

Ein Leser berichtete: Ihr letztes Quickie gefiel mir sehr gut. Ich habe diese Aufgabe häufig bei Einstellungsprüfungen für Ingenieure als Test des räumlichen Vorstellungsvermögens benutzt — jedoch ohne großen Erfolg. Selbstgefälligkeit war sicher ein entscheidender Impuls meines Vorgehsn, weil ich seinerzeit dieses Problem unter glücklichen Umständen in ein paar Minuten gelöst hatte. In den erwähnten Prüfungen durften die Kandidaten kein Papier benutzen, um auf diese Weise die Rechenkünstler auszuschalten. Der Trick besteht darin, sich den Schnittkörper der beiden Zylinder richtig vorzustellen. In Richtung der beiden Zylinderachsen „sieht" man natürlich jeweils einen Kreis. Senkrecht zur Ebene der beiden Zylinderachsen „sieht" man ein Quadrat. Man stelle sich eine Kugel mit gleichem Radius wie die Zylinder vor, die dem Schnittkörper einbeschrieben ist. Ebenenschnitte parallel zur Ebene der beiden Zylinderachsen ergeben stets Kreise, die von der einbeschriebenen Kugel herrühren.

Das gesuchte Volumen verhält sich zur Kugel wie das Quadrat zum einbeschriebenen Kreis. Dieses Verhältnis ist $\frac{4}{\pi}$; daher ist das gesuchte Volumen $\frac{4}{\pi}$ mal dem Volumen einer dem Zylinder einbeschriebenen Kugel, d. h. $\frac{16}{3} r^3$".

Auch ein anderer Leser erinnert sich: „Ich bin natürlich kein Mr. Steinmetz, aber vor etwa 30 Jahren beschäftigte ich mich ebenfalls mit diesem Problem. Ich löste damals die Aufgabe in etwa einer Minute im Kopf. Das gelang mir vermutlich nur deshalb, weil ich damals an komplizierten Röhren- und Kanalsystemen gearbeitet habe. Ich stellte mir sofort einen Körper vor, von dem unten (Bild 44) drei Ansichten wiedergegeben sind. Ebenenschnitte parallel zur Ebene der Zylinderachsen ergeben Quadrate. Schnitte der einbeschriebenen Kugel liefern Kreise. Also ist das Verhältnis des gesuchten Volumens zur einbeschriebenen Kugel gleich dem Verhältnis eines Quadrats zum einbeschriebenen Kreis, also gleich $\frac{4}{\pi}$.

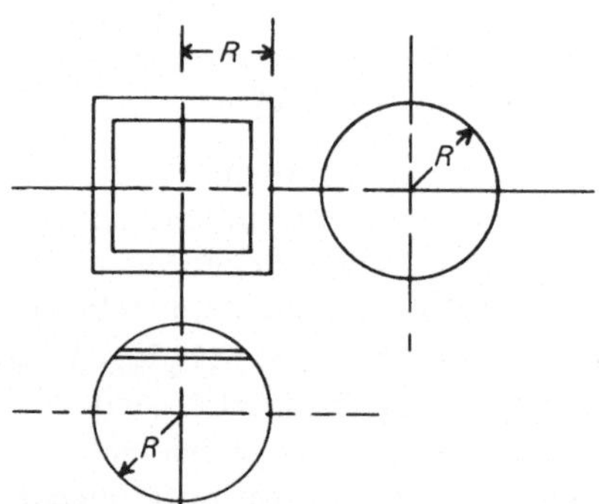

Bild 44

Die fünf Würfel

Diese Aufgabe könnte Würfelspieler an der Kneipentheke interessieren — vorausgesetzt sie gehören zu unserem Leserkreis.

Zum Spiel braucht man fünf Würfel; erzielt man beim ersten Wurf eine oder mehrere 1, so bleiben diese liegen, und es wird weiter „geknobelt". Wie groß ist die Chance, beim ersten Wurf mindestens eine 1 zu würfeln?

Lösung. Der beste Weg, eine Wahrscheinlichkeitsaufgabe vom Typ „mindestens eine ..." anzugehen, besteht wohl darin, nach der Wahrscheinlichkeit zu fragen, daß *keine* 1 gewürfelt wird. Die Wahrscheinlichkeit für dieses Ereignis ist in unserem Fall $\left(\frac{5}{6}\right)^5 = \frac{3125}{4651} \sim \frac{2}{3}$, die Chance, mindestens eine 1 zu würfeln, ist daher $1 - \left(\frac{5}{6}\right)^5 \sim \frac{1}{3}$.

Ein gemeinsamer Winkel

Zwei rechtwinklige Dreiecke ABC und AED (Bild 45) haben den Winkel bei A gemeinsam und bei B und D den rechten Winkel.

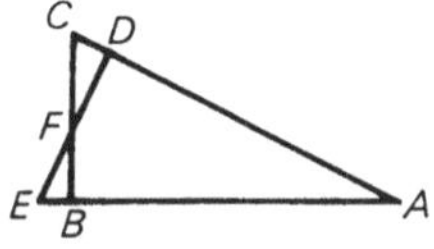

Bild 45

Der Winkel bei A sowie die Streckenlänge CD, CF und DF sind gegeben. Gesucht ist die Länge der Strecke AD.

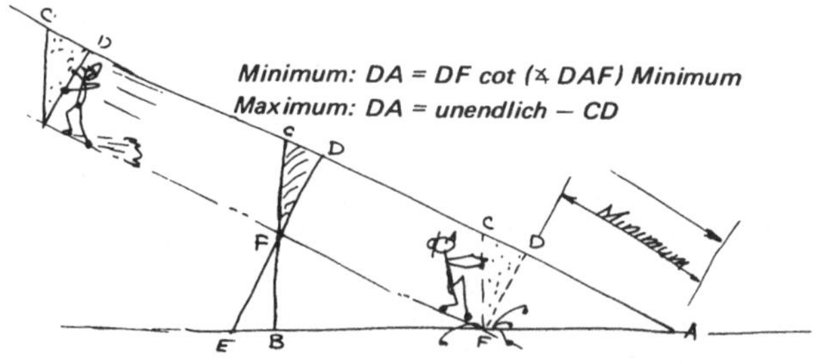

Bild 46

Lösung. Die meisten Dial-Leser bemerkten sofort, daß die Länge der Strecke AD unbestimmt ist, obwohl drei Strecken und ein Winkel gegeben sind. In Bild 46 ist die amüsante Lösung eines Lesers abgebildet, der zeigt, daß der minimale Wert von AD gleich DF · cot DAF ist und AD beliebig groß werden kann.

Die Länge von AD wäre eindeutig bestimmt, stellt ein anderer Leser fest, wenn die Dreiecke CDF und FEB kongruent wären. Eine Reihe von Lesern ging stillschweigend von dieser Annahme aus.

Ein Trick fürs Quadrieren

Wie kann man im Kopf schnell das Quadrat einer auf 5 endenden Zahl bestimmen?

Lösung. Um z. B. 35^2 zu bestimmen, multiplizieren wir die Zahl vor der Endziffer 5 — in unserem Fall 3 — mit dem Nachfolger dieser Zahl, d. h. mit 4, und hängen an das Produkt 12 die Zifferngruppe 25 an. Resultat: $35^2 = 1225$.

Um z. B. 65^2 zu berechnen, bilden wir $6 \cdot 7 = 42$, hängen dann 25 an und erhalten als Ergebnis $65^2 = 4225$.
Begründung $(10a + 5) = 100a^2 + 100a + 25 = 100a(a + 1) + 25$.

Hula Hoop

Durch die folgende Aufgabe werden wir in die Hula-Reifen-Zeit zurückversetzt. Wir stellen uns ein nicht gerade hübsches Mädchen mit kreisförmiger Taille vor, das im Augenblick stillsteht. Um ihre Taille rotiert ein Hula-Reifen, dessen Durchmesser doppelt so groß ist wie der Taillendurchmesser. Zeige: Während eines Umlaufs des Reifens legt der Berührpunkt von Reifen und Taille eine Strecke zurück, die gleich dem Umfang eines der (kreisförmigen) Taille umbeschriebenen Quadrats ist.

Lösung. Einer unserer Leser schreibt: „D sei der Reifendurchmesser und d der Taillendurchmesser (Bild 47). Äquivalent zur Rotation des Reifens um das Mädchen ist das Abrollen des Mädchens im fest gedachten Reifen. Ein Punkt des Taillenkreises bewegt sich auf einer ausgearteten Zykloide. Da sich die Durchmesser der beiden Kreise wie 2 : 1 verhalten, stehen ihre Umfänge im gleichen Verhältnis. Wenn also das Mädchen ein Viertel des Weges abgerollt ist, fällt der ursprüngliche Berührpunkt zwischen Reifen und Taille mit dem Reifenmittelpunkt zu-

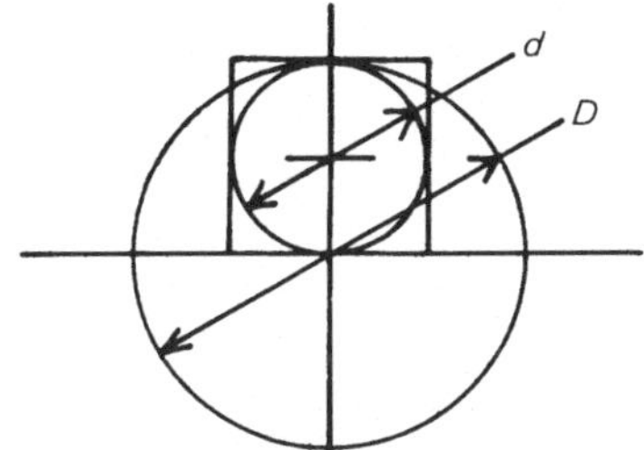

Bild 47

sammen. Nach der Hälfte des Weges hat der Berührpunkt den gesamten Durchmesser des Reifens durchlaufen. Von nun an durchläuft der Berührpunkt den Reifendurchmesser in umgekehrter Richtung. Damit hat der Berührpunkt insgesamt den Weg 2D = 4d zurückgelegt. Der Umfang eines dem Taillenkreis umbeschriebenen Quadrats ist ebenfalls 4d."

Arithmetische Mittel von Ziffern

Die Zahl 4, 5 ist gleich dem arithmetischen Mittel ihrer Ziffern. Gibt es noch andere Zahlen mit dieser Eigenschaft?

Lösung. Einziffrige Zahlen und Zahlen mit mehreren gleichen Ziffern kommen natürlich nicht in Frage. Es gibt aber weitere Beispiele für Zahlen, die die genannte Eigenschaft erfüllen, etwa 3,750 oder unechte Brüche wie $\frac{10}{5}$, $\frac{24}{6}$, $\frac{54}{9}$, $\frac{36}{12}$ und $\frac{63}{21}$.

Einige Leser versuchten, das Problem durch das Einbeziehen von Exponenten, periodischen Dezimalbrüchen etc. zu erweitern, was zwar zu manch interessanten Resultaten führte, aber den Rahmen der ursprünglichen Aufgabe beträchtlich überschritt.

Das festgestellte Lenkrad

Einer unserer Leser sandte uns folgendes Problem ein: „Auf einer glatten schiefen Ebene schlage ich das Lenkrad meines Wagens ganz rechts ein. Dann löse ich die Bremse und der Wagen kann sich frei bewegen. Wie groß ist der Winkel zwischen der Mittellinie des Wagens und einer Fallinie der schiefen Ebene, wenn der Wagen zum Stillstand kommt?

Der Wagen hat einen Radstand von 10 ft, eine Spurweite von 5 ft (Bild 48), und der Schwerpunkt des Wagens liegt in der Mitte zwischen Vorder- und Hinterachse.

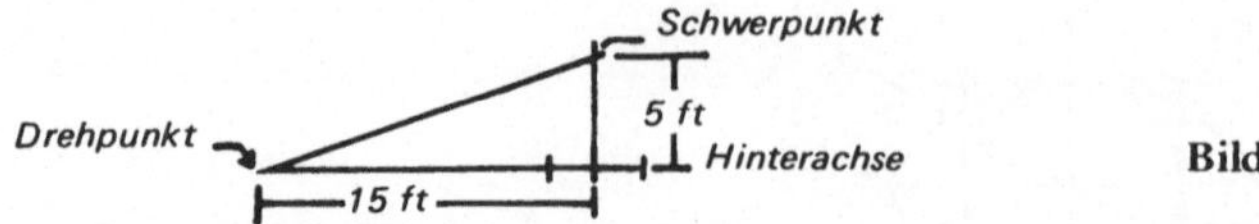

Bild 48

Bei vollständig rechts eingeschlagenem Lenkrad bewegt sich der Wagen auf einem Kreis mit Radius 15 ft (gemessen bis zum Mittelpunkt der Hinterachse (Bild 48). Das linke Vorderrad ist mit einem Winkel von 29°45', das rechte mit einem Winkel von 38°40' eingeschlagen.

Lösung. Ist der Neigungswinkel der schiefen Ebene gleich 90°, so wird aus dem Wagen ein Pendel, das um den Mittelpunkt des Wendekreises schwingt. Andere Neigungswinkel reduzieren nur die Gewichtskomponente, ohne jedoch die Geometrie des Problems zu verändern. Somit reduziert sich die Lösung auf die Ermittlung des Winkels zwischen der Mittellinie des Wagens und der Geraden zwischen dem Schwerpunkt und dem Mittelpunkt des Wendekreises. Der Schwerpunkt des Wagens liegt ja auf einer Fallinie unterhalb des Wendekreismittelpunkts. Der gesuchte Winkel ist somit $\tan^{-1}\left(\dfrac{15}{5}\right) = 73°34'$ (Bild 48). Die anderen Angaben der Aufgabe sind offensichtlich ohne Einfluß auf die Lösung und dienen nur als Ablenkungsmanöver.

Drei Karten im Hut

Drei Karten sind in einem Hut: die eine ist auf beiden Seiten weiß, die zweite ist auf beiden Seiten rot, die dritte ist auf einer Seite rot und auf der anderen weiß. Nachdem die Karten mit dem Hut gut durchgemischt worden sind, wird eine gezogen und aufgedeckt, ohne dabei die Unterseite anzugucken. Angenommen, die aufgedeckte Seite ist rot; wie groß ist die Chance, daß auch die Unterseite rot ist?

Da es für die Unterseite anscheinend zwei Möglichkeiten gibt, von denen die eine günstig ist, könnte man meinen, daß hier ein faires Spiel vorliegt. Wie könnten Sie aber einem skeptischen Spieler mit möglichst einfachen Worten klar machen, daß beim Wetten auf eine rote Unterseite beträchtliche Gewinne zu machen wären; die Chance steht 3 : 2 für rot.

Wir empfehlen, nach der theoretischen Lösung das Spiel selbst 50 oder 100 mal durchzuführen, und den Einklang von Theorie und Praxis zu testen.

Lösung. Die Erklärung, daß die Chance 3 : 2 für rot steht, sieht so aus: „Nun Joe, unser Spiel ist anders als das Wetten beim Pferderennen

78

oder beim Würfeln. Bei diesen Spielen wird auf etwas gesetzt, was erst noch eintreten wird. Bei unserem Spiel wird auf etwas gewettet, was bereits eingetreten ist. Du gewinnst, wenn du eine Karte gezogen hast, die auf beiden Seiten die gleiche Farbe trägt — wir hätten die Gewinnregel oben auch mit „weiß" statt „rot" formulieren können. Da es 2 Karten mit gleichfarbiger Forder- und Rückseite und eine Karte mit unterschiedlicher Farbe gibt, ist es eine 2 : 1 Wette.

Eine andere Erklärung: Die beidseitig weiß gefärbte Karte kann ignoriert werden, da nur dann gewettet wird, wenn eine rote Karte zu sehen ist. Bezeichnen wir mit A die weiße Seite einer Karte, mit B ihre rote Seite und mit C, D die beiden roten Seiten der anderen Karte, so wird offensichtlich nur dann gewettet, wenn B, C oder D sichtbar ist. Von diesen drei Möglichkeiten sind insgesamt zwei günstig, nämlich C oder D. Somit stehen die Chancen der Wette 2 : 1.

Wenn wir die Experimente unserer Leser zusammennehmen, so wurde 1885 mal gewonnen und 948 mal verloren — eine gute Übereinstimmung von Theorie und Praxis.

26 Fröhliche Weihnacht – Merry Xmas to All

Der Weihnachtsgruß "Merry Xmas to All" wurde von einem Mathematiker seinen Freunden verschlüsselt übermittelt. Die 10 Buchstaben der Nachricht wurden durch die 10 Zahlen 0, ..., 9 ersetzt.

Um die Sache interessant zu machen, wählte der Mathematiker die Zuordnung zwischen Buchstaben und Zahlen so, daß jedem der vier Wörter eine Quadratzahl entspricht. Wie lautet der Schlüssel?

Lösung. Die Aufgabe kann auf einer Vielzahl von Wegen angegangen werden. Die Verwendung einer Quadratzahlen-Tafel dürfte wohl am schnellsten zum Ziel führen.
Einer solchen Tafel entnehmen wir:
ALL kann nur 100, 144, 400 oder 900 entsprechen.

Ist ALL durch 100 oder 144 verschlüsselt, so muß XMAS durch 2916 oder 9216 dargestellt sein. Dann kann aber TO keine Quadratzahl mehr entsprechen, da wenigstens eine der in 16, 25, 36, 49, 64, 81 vorkommenden Ziffern bereits verbraucht ist.

Ist ALL durch 400 verschlüsselt, dann gibt es für XMAS die Möglichkeiten 1849, 3249, 6241, 8649. Im Falle XMAS = 1849 ist M = 8, MERRY = 81225 und daher E = X.

Im Falle XMAS = 3249 ist M = 2, MERRY = 27556 und TO = 81. Wir haben die Lösung 27556 3249 81 400.

Ist XMAS = 6241, dann kann TO keinem Quadrat entsprechen. Für den letzten Fall XMAS = 8649 erhalten wir M = 6, L = 0, und es gibt keine Lösung für MERRY.

Es bleibt noch ALL = 900, und die beiden Möglichkeiten für XMAS = 1296 bzw. 7396 zu untersuchen.
Ist ALL = 900, XMAS = 1296, so ist TO kein Quadrat.

Im anderen Fall, ALL = 900, XMAS = 7396 ist M = 3, MERRY = 34225 und TO = 81. Die zweite Lösung lautet 34225 7396 81 900.

Wir stellen die beiden Lösungen noch einmal zusammen:

MERRY	XMAS	TO	ALL
27556	3249	81	400
34225	7396	81	900

Die zweite Lösung zeigt noch folgende Besonderheit: Die Quersumme jeder der vier Quadratzahlen ergibt wieder eine Quadratzahl.
Ein Leser kleidete seine Lösung in Gedichtform.

My reasoning is sound, but the style is blunt
In this — my answer to your latest brain hunt.
It was put together with fun and ease
And did not require any math degrees.
Since each word is square with unknown digits,
I started with this and saved some fidgets.
The square root of MERRY with digits three
Will be found from 100 to 333.
XMAS has two and these I find
Must lie between 34 and 99.
TO has one, an evident sign
The root must be from 4 to 9.
Last of ALL, two digits there I see
Somewhere between 10 and 33.
All this we know, but we'd still have troubles

If it were not for those well-placed doubles.
Armed for the job with powerful reason,
"Twas easy for me to get MERRY this season.
Whit tables in hand I assumed my ALL,
Searched for MERRY and had a ball.
I have TO, got XMAS a little bit later,
And honest to Pete, I couldn't feel greater.
The message that I had so eagerly sought,
Was 27556—3249—81—400.

27 Euklidchens Alter

Endlich erfahren wir etwas über das Alter unseres frühreifen Mathematik-Helden.

„Die Aufgabe sieht recht langweilig aus" sagte ich, „hat sie dir dein Lehrer gestellt?" „Nein" antwortete Euklidchen, „es geht um ein Polynom, und mein Alter beim letzten Geburtstag ist eine seiner Nullstellen." „Gut" bemerkte ich, „gewiß ist das Polynom nicht zu kompliziert, es hat sicherlich ganzzahlige Koeffizienten und eine ganzzahlige Lösung. Ich probiers mal mit x = 7." „Nein, dann kommt als Wert des Polynoms 77 heraus, und — sehe ich denn erst wie 7 aus?" „Gut, ich versuche es mit einer größeren Zahl". „Nein, jetzt kommt 85 und nicht Null heraus." „Hör endlich auf, mich zu verulken" sagte Euklidchen, „du weißt genau, daß ich älter bin."
Wie alt ist Euklidchen?

Lösung. Werden zwei Zahlen a, b, in ein Polynom z. B. $P(x) = kx^4 + mx^3 + nx^2 + px + q$ mit ganzzahligen Koeffizienten eingesetzt, so ist die Differenz $P(a) - P(b)$ der Polynomwerte durch $(a - b)$ teilbar. Bei Subtraktion von $P(a)$ und $P(b)$ fällt der Term q weg und die anderen Terme sind von der Form: ganze Zahl mal Differenz gleicher Potenzen von a und b; diese Terme sind alle durch $a - b$ teilbar. Wenn wir diese bekannte Regel für die getestete Zahl I und Euklidchens gesuchtes Alter A anwenden, so erhalten wir: $I - 7$ teilt $8 = 85 - 77$, $A - 7$ teilt 77. $A - I$ teilt 85 und $7 < I < A$. Aus diesen Bedingungen folgt: I ist eine der Zahlen 8, 9, 11, 15 und A ist eine der Zahlen 14, 18 oder 84. Damit $A - I$ Teiler von 85 ist, muß $I = 9$ und Euklidchens Alter $A = 14$ sein.

Bemerkenswerterweise taucht in der Lösung Euklidchens Polynom gar nicht auf. Durch die Angaben der Aufgabe ist es außerdem nicht eindeutig bestimmt. Man weiß nur, daß es die Form $(x - 7)(x - 9)(x - 14) Q(x) - 3x^2 + 52x - 140$ hat, und $Q(x)$ ein Polynom mit ganzzahligen Koeffizienten ist. Die Koeffizienten $-3, 52, -140$ erhält man so: Für die Werte $x = 7, 9, 14$ nimmt $nx^2 + px + q$ der Reihe nach die Werte 77, 85, 0 an.

Eine weitere Lösung, die ohne Bestimmung von Euklidchens Polynom auskommt:
Sei $P(x) = a_n x^n + a_{n-1} x^{n-1} + \ldots + a_1 x + a_0$ ein Polynom mit ganzzahligen Koeffizienten und n eine natürliche Zahl. Wir wissen, daß $P(7) = 77$, $P(x_1) = 85$ und $P(x_2) = 0$.

Hieraus folgt

1. $P(x_1) - P(7) = a_n (x_1^n - 7^n) + a_{n-1} (x_1^{n-1} - 7^{n-1}) +$
   $\ldots + a_1 (x_1 - 7) = 8$
2. $P(x_2) - P(7) = a_n (x_2^n - 7^n) + a_{n-1} (x_2^{n-1} - 7^{n-1}) +$
   $\ldots + a_1 (x_2 - 7) = -77$
3. $P(x_2) - P(x_1) = a_n (x_2^n - x_1^n) + a_{n-1} (x_2^{n-1} - x_1^{n-1}) +$
   $\ldots + a_1 (x_2 - x_1) = -85$

Aus 1. folgt: $x_1 - 7$ ist eine der Zahlen 1, 2, 4, 8.
Aus 2. folgt: Wegen $x_2 > x_1$ ist $x_2 - 7$ eine der Zahlen 7, 11, 77 und daher $x_2 < 85$.
Aus 3. folgt: $x_2 - x_1$ ist eine der Zahlen 1, 5, 17.

Wegen $x_2 - x_1 = (x_2 - 7) - (x_1 - 7)$ ergibt sich $x_2 = 14$ und $x_1 = 9$. Euklidchen ist also 14 Jahre alt.

Zwei Beispiele für Polynome, die den genannten Bedingungen genügen: $-3x^2 + 52x - 140$ und $x^3 - 33x^2 + 339x - 1022$.

28 Test auf Rechtwinkligkeit

Zu dem folgenden Problem erhielten wir von unseren Lesern eine solche Vielfalt von Lösungen wie kaum zu einer anderen Aufgabe der letzten 25 Jahre. „Ein Mathematiklehrer erörtert mit seinen Schülern den Satz von Pythagoras. Um die Situation ein wenig effektvoll zu gestalten, maß er an der Bodenkante der beiden in einer Ecke zusammentreffenden Wände die Längen 60 und 91 cm ab (die Längeneinheit ist ohne Belang). Für den Abstand der beiden von der Ecke entfernt liegenden Endpunkte ergab sich der Wert 109 (Bild 49). ‚Johnnie‘ fragte der Lehrer, ‚wie können wir aus diesen drei Werten herausbekommen, daß die beiden Bodenkanten senkrecht aufeinander stehen?‘

‚Nun‘, begann Johnnie, wir müssen nur die drei Entfernungen quadrieren und—‘ hier wurde Johnnie von Euklidchen unterbrochen: ‚Okay, ich meine aber, es gibt einen viel einfacheren Rechenweg.‘ ‚Gut, denkt mal darüber nach‘, sagte der Lehrer ein bißchen niedergeschlagen.

Lösung. Der übliche und längste Weg besteht, wie bereits oben angedeutet darin, die drei Zahlen zu quadrieren und nachzusehen, ob die größte Quadratzahl die Summe der beiden anderen ist (Umkehrung des

Satzes von Pythagoras). Nebenbei bemerkt: einige, die die Aufgabe nicht sorgfältig gelesen hatten, schlugen die Thaleskreislösung vor (Bild 49); wenn der Abstand der Ecke zum Mittelpunkt der Strecke mit Länge 109 genau die Hälfte dieser Länge, $54\frac{1}{2}$, beträgt, so muß die Ecke einen rechten Winkel einschließen.

Eine andere Gruppe von Lesern meinte, man hätte statt der „komplizierten" Längen die „Standardlängen" 3, 4, 5 oder ein Vielfaches davon wählen sollen. Bei den Lösungen über die Formel $a^2 + b^2 = c^2$ entwickelten Leser vier Methoden, das Quadrieren von drei Zahlen zu umgehen. Diese Vereinfachungen beruhen auf geeigneten Umformungen der Gleichung $a^2 + b^2 = c^2$.

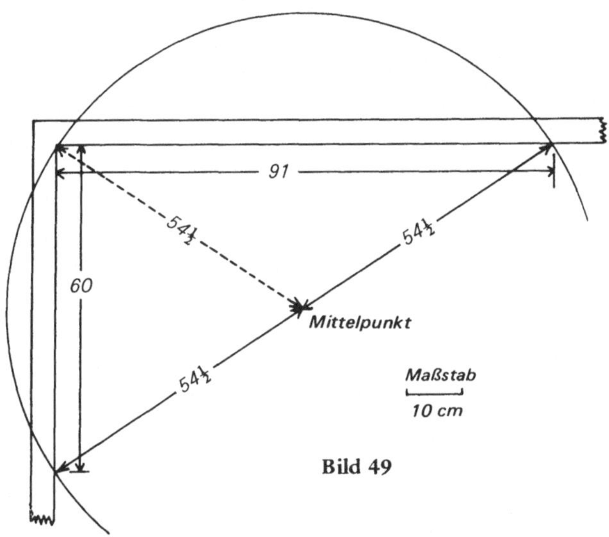

Bild 49

Die erste Methode ist interessant, aber ziemlich schwerfällig. Von der längsten Dreiecksstrecke 109 werden jeweils die beiden anderen 60 und 91 subtrahiert; Resultat: 49 und 18. Nun wird die längste Dreiecksseite von der Summe der beiden anderen 151 subtrahiert, und wir erhalten 42. Das Quadrat der Zahl 42 muß nun — falls in der Ecke ein rechter Winkel vorliegt — gleich dem doppelten Produkt von 49 und 18 sein. Diese Beziehung verifiziert man leicht über geeignete Faktoren der beteiligten Zahlen. Dem Berechnungsverfahren liegt folgende Überlegung zugrunde; die Gleichung $a^2 + b^2 = c^2$ ist äquivalent zur Gleichung $2\,(c - a)\,(c - b) = (a + b - c)^2$.

Die zweite Methode ist wesentlich einfacher. Wir nehmen die Dreiecksseite mit der handlichen Maßzahl 60 und überprüfen, ob deren Quadrat 3600 gleich dem Produkt aus Summe 200 und Differenz 18 der beiden anderen Dreiecksseiten ist. In unserem Fall ist das eine einfache Kopfrechnung. Diesem Verfahren liegt die Umformung von $a^2 + b^2 = c^2$ in $a^2 = (c + b)(c - b)$ zugrunde.

Die dritte Methode ist interessant, aber nicht ganz streng. Zunächst wird der Umfang des Dreiecks berechnet. Sodann überprüfen wir, ob sich die entsprechende Zahl 260 so in zwei Faktoren (hier: 20 und 13) zerlegen läßt, daß der eine Faktor (20) eine der beiden kürzeren Dreiecksseiten (60) teilt und der zweite Faktor (13) die andere (91). Den Hintergrund für dieses Verfahren bildet die mit $a^2 + b^2 = c^2$ äquivalente Beziehung $a + b + c = \dfrac{2ab}{a + b - c}$. Streng genommen müßte noch verifiziert werden, daß das Produkt aus den beiden oben erhaltenen Quotienten mit dem Wert 21 gleich $\frac{1}{2}(a + b - c) = \dfrac{42}{2} = 21$ ist.

Am interessantesten erwies sich die vierte Methode. Die Hälfte der geradzahligen Seitenlängen 60 (der beiden kürzeren Dreiecksseiten) muß sich als Produkt zweier Zahlen, hier: 10 und 3, darstellen lassen, so daß man aus der Summe der Quadrate 100 und 9 die längste Seite 109 und aus der Differenz der Quadrate die ungerade kürzere Seite 91 erhält. Offensichtlich müssen bei diesem Verfahren kleinere Zahlen als bei der konventionellen oder der zweiten Methode quadriert werden. Der Hintergrund des Verfahrens liegt jedoch nicht so klar auf der Hand wie bei der zweiten Methode. Das vierte Verfahren beruht auf der Darstellung $\frac{a}{2} = xy$, $c = x^2 + y^2$, $b = x^2 - x^2$. Der Kenner bemerkt hier die Darstellung pythagoräischer Zahlentripel durch Parameter x und y. Es gelten folgende notwendigen Bedingungen für ein sog. primitives pythagoräisches Zahlentripel (bei dem also die drei Zahlen teilerfremd sind): (1) genau eine der beiden kleineren Zahlen ist gerade, (2) eine der drei Zahlen ist durch 5 teilbar, (3) eine der beiden kleineren Zahlen ist durch 3 teilbar. Ein gewiefter Rechner wie Euklidchen hätte vermutlich zuerst diese Bedingungen überprüft, ehe er sich auf weitere Arbeit eingelassen hätte.

Hier noch einige Beispiele für pythagoräische Zahlentripel; die erste Komponente ist jeweils eine Primzahl: (3, 4, 5) (5, 12, 13) (7, 24, 25) (11, 60, 61) (13, 84, 85). Mit Ausnahme des ersten Tripels ist bei den übrigen die „mittlere" Zahl durch 3 teilbar und zweite und dritte Zahl in jedem Tripel unterscheiden sich um eins.

MATHEMATICAL NURSERY RHYME No. 16

Through many an ohm the weber flew
And clicked the answer back to me.
I am thy farad, staunch and true,
Charged to a volt with love for thee.

MATHEMATICAL NURSERY RHYME No. 17

Captain Hooke was a mariner bold
Who sailed the English sea,
And charted a course for engineers
In Elasticity.

He traversed the course again and again
With a vision that few possess,
And taught the world that unit strain
Is a constant times unit stress.

MATHEMATICAL NURSERY RHYME No. 18

Says N. F. Cerulli :
—And he reckons truly—
"If volumes you'd tell,
Find πr^2 times l,
Which gives a like figure
For these two,-checked by jigger."

MATHEMATICAL NURSERY RHYME No. 19

A ball that blocks us with this digit
When playing pool will make us fidget.
In fact no one enjoys at all
To be behind the black eight ball.

No matter what the Greeks were doin'
'Twas Ate who could bring 'em ruin,
And Britons say you're tempting fate
When you imbibe "one over eight."—

Yet those whose skill on ice is great
Delight to form the lemni-skate.

29 Ein Fliesenleger erzählt

Eine Reihe von Aufgaben dieses Buches hat mit Quadraten zu tun. Im folgenden Problem geht es um die Arbeit eines Fliesenlegers. Joe der Fliesenleger erzählt: „Kürzlich brachte ich eine Ladung quadratischer Fliesen, die alle die gleiche Größe haben, zum Krankenhaus, wo noch drei größere quadratische Flächen zu kacheln waren. Bei der ersten Fläche verbrauchte ich genau die Hälfte der Fliesen, die zweite Fläche hatte 50 % mehr Reihen als die dritte. Als ich fertig war, hatte ich genau noch eine Kachel übrig. Wie viele Fliesen waren in der Ladung?

Lösung. Wir bezeichnen die Anzahl der Reihen in den drei Flächen mit a, b, c. Die Gesamtzahl der Fliesen ist $2a^2$, und wegen $b = \frac{3}{2}c$ haben wir $2a^2 = a^2 + \frac{9}{4}c^2 + c^2 + 1$, woraus $4a^2 = 13c^2 + 4$ folgt.

Diese Diophantische Gleichung mit zwei Variablen versuchen wir nun zu lösen. Um möglichst wenig probieren zu müssen, empfiehlt es sich, einen geeigneten „Parameter" einzuführen. Wählen Sie nun Ihren Parameter und vergleichen Sie dann mit unserer Lösung!

Wir formen die obige Gleichung um und erhalten $4(a^2 - 1) = 13c^2$. Nun betrachten wir die möglichen Endziffern bei den verschiedenen Belegungen der Variablen durch natürliche Zahlen.

$$a^2 \quad \text{kann enden mit} \quad 1 \quad 4 \quad 5 \quad 6 \quad 9 \quad 0$$
$$a^2 - 1 \quad \text{kann enden mit} \quad 0 \quad 3 \quad 4 \quad 5 \quad 8 \quad 9$$
$$4(a^2 - 1) \quad \text{kann enden mit} \quad 0 \quad 2 \quad 6 \quad 0 \quad 2 \quad 6$$

Für die linke Seite der Gleichung kommen somit die Endziffern 0, 2, 6 in Betracht.

$$c^2 \quad \text{kann enden mit} \quad 1 \quad 4 \quad 5 \quad 6 \quad 9 \quad 0$$
$$13c^2 \quad \text{kann enden mit} \quad 3 \quad 2 \quad 5 \quad 8 \quad 7 \quad 0$$

Für c kommen also nur die Endziffern 0 und 2 in Betracht. Wir formen jetzt die Diophantische Gleichung um in $a^2 = \frac{13}{4}c^2 + 1$ und probieren systematisch Werte für c mit Endziffer 0 oder 2 durch. Für $c = 360$ erhalten wir

	Fliesen/Seite	Fliesen/Fläche
a	649	421 201
c	360	129 600
1, 5 c	540	<u>291 600</u>
		842 401

Insgesamt wurden 842 402 Fliesen geliefert.

Auf diesem Wege erhalten wir zwar eine richtige Antwort, doch bereitet es sicher kein allzu großes Vergnügen, sämtliche auf 0 oder 2 endenden Werte für c von 2 bis 360 durchzuprobieren. Dieses Verfahren liefert uns nicht einmal die Eindeutigkeit der Lösung.

Eine sehr geschickte Reduktion des Problems läuft auf die Untersuchung der Diskriminante einer quadratischen Gleichung hinaus. Zunächst wird die ursprüngliche Diophantische Gleichung mit dem Faktor 25 multipliziert; man erhält dann $100a^2 = 325c^2 + 100$. Wenn wir die Hilfsgleichung $10a = 18c + K$ mit Parameter K quadrieren, so erhalten wir $100a^2 = 324c^2 + K^2 + 36 Kc$. Durch Zusammenfassen der beiden Gleichungen ergibt sich $c^2 - 36 Kc + (100 - K^2) = 0$. Die Lösungen dieser quadratischen Gleichung in c sind $18 K \pm \sqrt{324 K^2 - (100 - K^2)}$. Für $K = 10$ ist die Diskriminante ein vollständiges Quadrat. Die entsprechenden Werte für a, b, c sind 649, 360 und 540. Die Gesamtzahl der Fliesen ist 842 402. Für Werte von K mit $0 \leqslant K < 10$, die im übrigen gerade sein müssen, ergibt sich kein vollständiges Quadrat für die Diskriminante.

Natürlich sind neben den oben geschilderten überraschenden Lösungen auch solche möglich, die stärker von zahlentheoretischen Hilfsmitteln, wie z. B. der Pellschen Gleichung etc., Gebrauch machen.

30 Näherungsweise Winkeldrittelung

In dieser Aufgabe soll Euklidchen einen gegebenen Winkel dritteln. Leider stehen ihm nur Zirkel und Lineal zur Verfügung und kein Winkelmesser. Euklidchen wußte, daß er mit diesem Handwerkszeug nicht einen beliebigen Winkel exakt dritteln konnte; er setzte sich daher eine näherungsweise Lösung mit einem Fehler von höchstens 3/4 % zum Ziel.

Euklidchen schlägt um A als Mittelpunkt einen Kreis, der die Winkelschenkel von α in den Punkten B, C schneidet (AB, AC sind also die Schenkel von α (Bild 50). Von B aus wird auf der Strecke BC die Strecke BD abgetragen, wobei $\overline{BD} = \frac{2}{3} \overline{BC}$. Nun wird BC über C hinaus so verlängert, daß $\overline{DE} = \frac{7}{6} \overline{BC}$. Der Kreis um E mit Radius $\overline{ED}$ schneidet den bereits konstruierten Kreis um A in F. Nun wird A mit F verbunden. Hat Euklidchen das gesteckte Ziel erreicht?

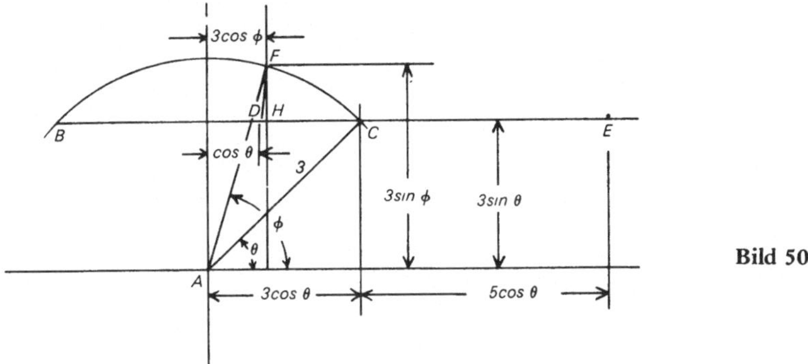

Bild 50

Lösung. Am schnellsten führen hier wohl trigonometrische Überlegungen zur Überprüfung von Euklidchens Behauptung. Hierdurch ergibt sich auch ein leichter Zugang zur Fehlerabschätzung. Wir wählen $\overline{AC} = 3$ und die Winkel Θ, ϕ wie angegeben. (Θ ist der (symmetrische) Komplementärwinkel von α zu $180°$; $\phi - \Theta = \frac{1}{3}\alpha$, d. Übers.).

Aus dem rechtwinkligen Dreieck EHF in dem $\overline{EF} = \overline{ED}$ ist, finden wir leicht $(3\cos\phi - 8\cos\Theta)^2 + (3\sin\phi - 3\sin\Theta)^2 = (7\cos\Theta)^2$. Aus dieser Gleichung ergibt sich $3 + \cos^2\Theta = 8\cos\Theta\cos\phi + 3\sin\Theta\sin\phi$ und $\phi = \text{arc tan}\,(3\tan\frac{\Theta}{8}) \pm \text{arc cos}\left(\dfrac{3 + \cos^2\Theta}{\sqrt{9 + 55\cos^2\Theta}}\right)$

Setzen wir in diese Formel sukzessive Werte in $5°$-Schritten für Θ beginnend mit $\Theta = 0°$ ein, so erhalten wir folgende Tabelle (Bild 51).

Θ	$0°$	$5°$	$10°$	$15°$	$20°$	$25°$	$30°$	$35°$	$40°$
arc	$180°$	$170°$	$160°$	$150°$	$140°$	$130°$	$120°$	$110°$	$100°$
% Fehler	0,00	0,29	0,50	0,62	0,69	0,71	0,69	0,65	0,59
$45°$	$50°$	$55°$	$60°$	$65°$	$70°$	$75°$	$80°$	$85°$	$90°$
$90°$	$80°$	$70°$	$60°$	$50°$	$40°$	$30°$	$20°$	$10°$	$0°$
0,51	0,43	0,35	0,27	0,19	0,13	0,07	0,03	0,01	0,00

Bild 51

Der prozentuale Fehler steigt von 0 bis 0,71 % bei einem Bogen von $130°$. Euklidchen hat somit seine Aufgabe gut gelöst.

Ein Beispiel: Der gegebene Winkel α sei $150°$, dann ist $\Theta = 15°$.

89

Bei einer exakten Winkeldrittelung wäre $\phi = 15° + \dfrac{150°}{3} = 65°$. Die obige Formel liefert

$$\phi \; \text{arc tan} \left(3 \tan \frac{150°}{8}\right) \pm \text{arc cos}\left(\frac{3 + \cos^2 15°}{\sqrt{9 + 55 \cos^2 15°}}\right) = 65,31°$$

und damit ist der gesuchte Winkel FAC gleich 50, 31° statt 50°; der Fehler ist 0,62 %.
Bild 52 zeigt die Abhängigkeit des prozentualen Fehlers vom Winkel Θ.

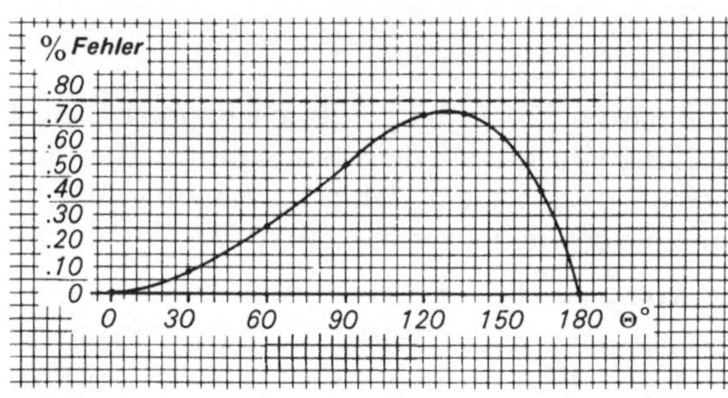

Bild 52

31 Wo ein (letzter) Wille ist, da ist auch ein Weg

Herr Brown war auf Nassau verstorben; sein Testament war nicht zu entziffern. In seinem Nachlaß fand man ein Stück vergilbtes Papier (Bild 53), das der berühmte Detektiv Perry Mason, der mit dem Fall Brown befaßt war, als Anweisung für die Aufteilung des Vermögens unter den zahlreichen Erben erkannte.

```
                                        8
                                    ________
xxxxxxx : xxx = 8       xxx ) xxxxxxx            amerikanische
 xxx                           xxx              Schreibweise
  xxxx                          xxxx
  xxx                           xxx
   xxxx                          xxxx                 Bild 53
   xxxx                          xxxx
```

90

Auf dem Papier konnte man im Quotienten nur eine einzige Ziffer, die 8, erkennen. Eine mikroskopische Untersuchung zeigte ferner, daß sämtliche markierten Plätze mit Ziffern belegt waren und die Division ohne Rest aufging. Für Perry genügte das. Ohne größere Mühen fand Mason die Anzahl der Erben und die Größe des hinterlassenen Vermögens heraus. Seine Lösung des Problems war eindeutig.
Wie ging Perry bei dieser Aufgabe vor?

Lösung. Angenommen, 8 ist die mittlere Ziffer des Quotienten (dies kann man der amerikanischen Schreibweise der Division (Bild 53 rechts) entnehmen), dann ist 8d kleiner als 1000 und somit d kleiner als 125. Die erste Ziffer des Quotienten muß größer als 7 sein, da 7d gleich 875 ist und der erste Rest damit größer als 99 wäre. Der Quotient ist also 80 809. Da 80 809 d größer als 10 000 000 sein muß, ist d größer als 123 und somit ist d = 124 (Bild 54).

$$10020316 : 124 = 80809$$

```
10020316 : 124 = 80809
 992
 1003
 992
  1116
  1116
```

Bild 54

Zwei Leser, die den eben geschilderten Lösungsweg eingeschlagen hatten, machten eine weitere überraschende Feststellung. Nimmt man nämlich an, die 8 sei die letzte Ziffer des Quotienten, so ergeben sich 26 verschiedene Lösungen. Die Anzahl der Erben bewegt sich zwischen 142 und 999. Entsprechend bewegt sich die Erbschaft zwischen $ 70 708 und $ 10 108. Da Perry's Lösung in der Aufgabenstellung als eindeutig beschrieben war, kann die lesbare acht nur an der ersten bzw. mittleren Stelle des Quotienten gestanden haben. Das Resultat ist dann eindeutig bestimmt. Hätte die Aufgabe keine lesbare Ziffer enthalten, so gäbe es 163 mögliche Lösungen.

32 Verdoppelung durch Zifferntausch

Einer unserer Leser machte uns auf eine bemerkenswerte Eigenschaft der Zahl A = 473 684 210 526 315 789 aufmerksam. Wird die Einerziffer 9 an die erste Stelle von links gesetzt, so erhalten wir 2A. Gesucht sind sieben kleinere Zahlen als A mit der gleichen Eigenschaft. Wie so oft, erhielten wir nicht nur eine Vielzahl richtiger Lösungen, sondern auch zahlreiche überraschende Beiträge, die sich mit ähnlichen Beziehungen zwischen Zahlen beschäftigen.

Lösung. Die meisten Einsender bemerkten, daß es noch sieben weitere 18-stellige Zahlen mit der genannten Eigenschaft gibt. Die erste Ziffer (von links) dieser Zahlen ist höchstens 4; die Ziffern der sieben Zahlen gehen aus den Ziffern der oben angegebenen Zahl durch geeignete zyklische Vertauschung hervor:

```
421  052  631  578  947  368
368  421  052  631  578  947
315  789  473  684  210  526
263  157  894  736  842  105
210  526  315  789  473  684
157  894  736  842  105  263
105  263  157  894  736  842
```

Einige Leser nahmen auch B = 052 631 578 947 421 in ihre Liste auf. Diese „Zahl" hat zwar auch die Verdopplungseigenschaft und ihre Ziffern ergeben sich durch zyklische Vertauschung aus der gegebenen Zahl A. Da die erste Stelle mit Null belegt ist, tanzt dieser Fall etwas aus der Reihe. Ignoriert man die Null an der ersten Stelle, so zeigt sich, daß sämtliche 8 Zahlen oben Vielfache, nämlich das 2-, 3-, 4-, 5-, 6-, 7-, 8-, 9-fache von B sind.

Wir gehen die Aufgabe jetzt systematisch an und überlegen uns einen Weg, wenn A nicht gegeben gewesen wäre. Ein Leser schrieb: „Die zu verschiebende Endziffer sei y und der Rumpf der Zahl — ohne Endziffer y — sei x. Dann gilt $2(10x + y) = x + 10^n \cdot y$ und hieraus ergibt sich $x = \frac{(10^n - 2)y}{19}$. Da x und y natürliche Zahlen sind, muß auch $\frac{10^n - 2}{19}$ eine natürliche Zahl sein.

Nun suchen wir eine möglichst kleine natürliche Zahl n, für die 10^n bei Division durch 19 den Rest 2 läßt. Dazu führen wir die Division 10 : 19 aus, bis sich der Rest 2 ergibt; dies ist für n = 17 der Fall und wir erhalten den periodischen Dezimalbruch $0,\overline{526315789473684210}$. Bekanntlich erhält man hieraus die Dezimalbruchentwicklung jedes anderen Bruchs $\frac{k}{19}$ mit $1 \leqslant k \leqslant 18$ durch geeignete zyklische Vertauschung der Ziffern. Wir müssen noch eine Nebenbedingung berücksichtigen: die verdoppelte Zahl muß wieder 17-stellig sein. Daher darf die erste Ziffer höchstens vier sein. In der Periode $\frac{10}{19}$ kommen genau 8 solche als Anfangsziffern geeignete Ziffern vor. Wählen wir eine solche Anfangsziffer und schließen die anderen durch zyklische Umstellung an, so erhalten wir sämtliche 8 Lösungen." Die acht 18-ziffrigen Zahlen sind also die kleinsten Zahlen mit der Verdoppelungseigenschaft. Es gibt aber unendlich viele Zahlen mit dieser Eigenschaft; die Anzahl ihrer Ziffern sind Vielfache von 18. Eine andere Möglichkeit, die 8 Lösungen zu erhalten, besteht darin, eine Lösungszahl sukzessiv zu verdoppeln und unter Berücksichtigung der oben genannten Nebenbedingung die geeigneten Vielfachen als Lösungen auszuwählen.

Ein Leser machte bei den Lösungszahlen eine Reihe interessanter Beobachtungen:

1) Die Summe von Lösungszahlen ergibt wieder eine Zahl, die aus den Ziffern der Periode von $\frac{10}{19}$ durch zyklische Umordnung erzeugt werden kann. (Ist das Resultat 19-stellig, so wird die erste Ziffer „gestrichen" und zur Einerziffer addiert).

2) Ordnen wir die Lösungszahlen der Größe nach, so ist die Summe der ersten (kleinsten) und zweiten (nächst größeren) Zahl gleich der vierten Zahl.

3) Die Summe der ersten und dritten Zahl ist gleich der fünften Zahl.

4) Zweite und dritte Zahl zusammen ergeben die sechste Zahl.

5) Zweite und vierte Zahl zusammen ergeben die siebente Zahl.

6) Die Summe aus erster, zweiter und dritter Zahl ist gleich der achten Zahl.

7) Das Doppelte der ersten Zahl ist gleich der dritten Zahl.

Andere Leser variierten die Aufgabe dahingehend, daß sie neben der Verdoppelung bei der beschriebenen Ziffernumstellung auch Verdreifachung etc. untersuchten. Einige Beispiele:

3 mal

10344827568206896551724137 93

4 mal

    230769
    179487
    153846
    128205
    102564

5 mal

    18367346938775510204081663265306122448979 59
    142857

6 mal

    152542378813550322033898305084745762711864 4067-
    79661016949

7 mal

    130434782608695652 1739
    115942028985507246 3768
    101449275362318840 5797

8 mal

    1139240506329
    1012658227848
    0886075949367
    0379746835443
    0253164556962

9 mal

    10112359550561797752808988764044943820224719
    07865168539325842696629213483146067415730337

Zur Abrundung unserer Untersuchung bringen wir nun die interessanteste Lösung, die auch in anderen Stellenwertsystemen und bei anderen Vielfachen k — statt Verdoppelung — angewandt werden kann.

Gesucht sind Zahlen $A = a_n \, 10^n + a_{n-1} \, 10^{n-1} + \ldots a_1 \, 10 + a_0$ mit der Eigenschaft

$$B := a_0 \, 10^n + a_n \, 10^{n-1} + \ldots a_2 \, 10 + a_1 = 2A =$$
$$= 2 \, [a_n \, 10^n + a_{n-1} \, 10^{n-1} + \ldots a_1 \, 10 + a_0]$$

wobei $a_n \neq 0$ sei.

Durch Umformen erhalten wir $A = \dfrac{(10^{n+1} - 1) \, a_0}{19}$. Da $\dfrac{a_0}{19}$ ein periodischer Dezimalbruch mit Periodenlänge 18 ist, ist A genau dann eine natürliche Zahl, wenn n + 1 Vielfaches von 18 ist. Damit $a_n \neq 0$ ist, muß $a_0 \geq 2$ sein. Beschränken wir uns zunächst auf 18-ziffrige Lösungen, so erhalten wir für jeden Wert von a_0 mit $2 \leq a_0 \leq 9$ eine Lösungszahl A. Die Ziffern von A entsprechen den Ziffern eines Periodenblocks von $\frac{a_0}{19}$. Auf diese Weise erhält man sämtliche acht 18-stelligen Lösungen.

Die nächsten acht Lösungszahlen enthalten 36 Ziffern und entstehen aus dem Zusammenschieben zweier Periodenblöcke von $\frac{a_0}{19}$. Damit ergibt sich z. B. folgende 36-stellige Lösungszahl

105 263 157 894 736 842 105 263 157 894 736 842

Die anderen Lösungen erhält man aus den 18-stelligen Lösungszahlen analog.

Fordert man nun allgemein, daß B = kA (k $\leq$ b) und ein Stellenwertsystem mit Basis b zugrunde gelegt wird, so ergibt sich

$$A = \frac{(b^{n+1} - 1)\, a_0}{kb - 1} \, .$$

Wir im vorherigen Fall kann gezeigt werden, daß $\frac{a_0}{kb-1}$ = c durch einen periodischen b-adischen Bruch (in Analogie zum periodischen Dezimal-Bruch) dargestellt wird. A ist also genau dann eine natürliche Zahl, wenn n + 1 Vielfaches der Periodenlänge von C ist. Damit $a_n \neq 0$ ist, muß $a_0 \geq k$ sein; es gibt dann b − k Grundlösungen, d. h. Lösungszahlen mit minimaler Anzahl von Ziffern.

Beispiel. Für b = 5, k = 3 erhalten wir, wenn alles im Fünfersystem geschrieben wird:

$$A = (10^{n+1} - 1)\, \frac{a_0}{24}; a_0 = 3, 4.$$

Lösungen 101343, 120324.

33 Falsch gestellte Uhr

„Das war ein leckeres Mittagessen“ sagte der Geschäftsmann, „es bleibt gerade noch Zeit für eine gute Zigarre, dann muß ich gehen, um den 13-Uhr-Zug zu erreichen. Auf meiner Uhr ist es jetzt genau 9 Uhr, aber Moment, das kann ja nicht stimmen. Die Uhr ist auch nicht stehen geblieben und ist noch gut aufgezogen. Heute morgen habe ich sie aufgezogen und nach dem Radio gestellt. Möglicherweise habe ich dabei die beiden Zeiger vertauscht.“ Wie spät ist es, als der Geschäftsmann nach dem Essen auf die Uhr schaut?

Lösung. Dieses Problem kann in vielfältiger Weise angegangen werden. Manche Lösungswege sind recht weitschweifig, andere sind kurz und prägnant.

Wir bringen zunächst eine solche umwegige Lösung: „Aus dem Monolog geht hervor, daß die Uhr über 3 Stunden zu spät geht. Hieraus kann man entnehmen, daß der Geschäftsmann seine Uhr zwischen 8 und 9 Uhr stellen wollte, sie aber tatsächlich zwischen 4 und 5 Uhr einstellte. Die durchgezogenen Zeiger in Bild 55 geben die Zeigerstellung an, die der Mann einstellte, der gestrichelte Zeiger markiert die „richtige“ Zeit in diesem Augenblick. Durch beide Zeigerstellungen wird ein Zeitpunkt dargestellt (werden z. B. in der 6 Uhr-Position die Zeiger vertauscht, so entspricht der neuen Position kein Zeitpunkt). Für die durchgezogene Zeigerstellung gilt, um die 5-Uhr-Position zu erreichen,

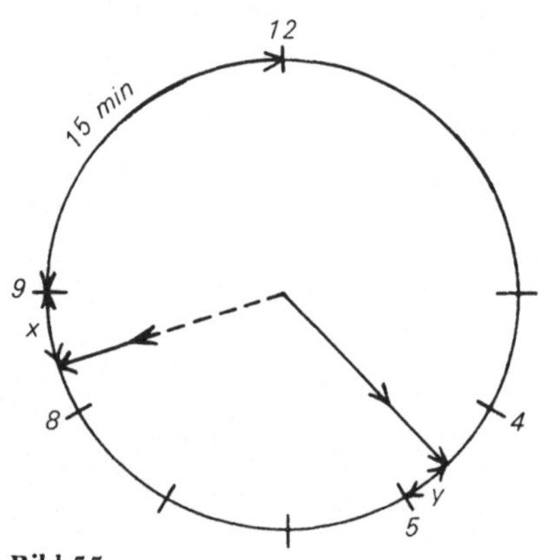

Bild 55

x + 15 = 12y. Für die gestrichelte Zeigerstellung gilt, um die 9-Uhr-Position zu erreichen, 12x = 35y. Aus beiden Gleichungen erhalten wir $x = \frac{435}{143}$, $y = \frac{215}{143}$. Somit beträgt der zeitliche Irrtum 3 Stunden plus $(60 - 15 - y - 5 + x)$ Minuten, d. h. 3h $41\frac{7}{13}$ min. Der Monolog über die Zeit fand also $41\frac{7}{13}$ Minuten nach 12 Uhr statt.''

Wir kommen nun zu einer wesentlich einfacheren Überraschungslösung der Aufgabe. Obwohl die Lösung kurz ist, wird gleich der zeitliche Irrtum bei beliebigem Vertauschen der Zeiger mit erfaßt.

Der zeitliche Irrtum ergibt sich aus der Anzahl der Minuten, die jeder Zeiger benötigt, um in seine richtige Position zu gelangen. Ist S der „Abstand" der Zeiger in Minuten, so braucht der Stundenzeiger 12 S Minuten, der große Zeiger 60 K − S Minuten (K ist die um 1 vermehrte Zahl der erforderlichen vollen Umdrehungen) um in die ·ichtige Position zu gelangen. Aus 12 S = 60K − S folgt $S = \frac{60\,K}{13}$. Da in unserer Aufgabe der zeitliche Irrtum zwischen 3 und 4 Stunden liegt, ist K = 4. Damit ist $S = \frac{240}{13}$ min und der Zeitirrtum 12 S ist $\frac{48}{13}$ Stunden. Die gesuchte Zeit ist 12 h $41\frac{7}{13}$ min.

34 Kreismittelpunkt gesucht

Gegeben ist ein Kreis, dessen Mittelpunkt unter alleiniger Verwendung eines Zirkels zu konstruieren ist. Die Konstruktion soll begründet werden. Diese Aufgabe ist eine Variante von Problem Nr. 54 in "Ingenious Mathematical Problems and Methods", wo allein mit Hilfe eines Zirkels der Mittelpunkt eines durch drei gegebene Punkte gehenden Kreises zu kontruieren war.

Lösung. Folgende Konstruktion (Bild 56) führt zum Ziel: (1) Auf dem gegebenen Kreis Q wird ein Punkt A als Mittelpunkt eines Kreisbogens aa gewählt, der Q in den Punkten B und B′ schneidet. (2) Die Kreise um B bzw. B′ mit Radius AB (= AB′) schneiden sich in C. (3) der Kreis um C mit Radius AC schneidet den Bogen aa in D und D′. (4) Die Kreise um D bzw. D′ mit Radius AD (= AD) schneiden sich im gesuchten Kreismittelpunkt P. Zur Begründung der Konstruktion durch ähnliche Dreiecke: Aufgrund der symmetrischen Konstruktion liegen

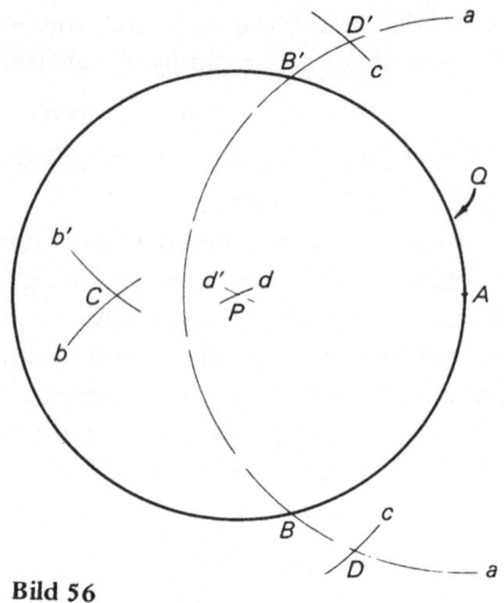

Bild 56

die Punkte A, C, P und der Kreismittelpunkt O, für den wir P = O zu zeigen haben, auf einem Kreisdurchmesser. Daher brauchen wir nur zu zeigen, daß AO und AP gleich lang sind. Nach Konstruktion sind die beiden Dreiecke APD und ADC ähnlich; beides sind gleichschenklige Dreiecke mit gemeinsamen Basiswinkel bei A. Es gilt daher AP : AD = AD : AC, d. h. AP = (AD)^2 : AC. Ferner sind die beiden Dreiecke ABC und AOB ähnlich, da sie ebenfalls gleichschenklig sind und bei A einen gemeinsamen Basiswinkel haben. Wir haben also AO : AB = AB : AC woraus AO = (AB)^2 : AC folgt. Nach Konstruktion ist AB = AD, also ist AP = AO und P ist somit der Mittelpunkt von Q.

Eine andere Begründung nutzt die Methode der Inversion. Die Inversion an einem gegebenen Kreis K mit Radius r und Mittelpunkt M ist eine Abbildung, die folgendermaßen erklärt ist. Ist P ein Punkt der Ebene, so wird auf dem Strahl MP der Punkt P′ bestimmt, so daß (MP) · (MP′) = r^2 ; P′ ist der Bildpunkt von P; man sagt, die Punkte P und P′ sind zueinander invers.

In Bild 57 wird gezeigt, wie man zu einem Punkt P den bezüglich des Kreises C_1 inversen Punkt P^1 nur mit Hilfe des Zirkels konstruiert.

Liegt P außerhalb von C_1, so wird ein Kreis C_2 mit Mittelpunkt P durch den Mittelpunkt O von C_1 konstruiert. C_2 schneidet C_1 in den Punkten R und S. Die beiden Kreise um R und S mit Radius OR schneiden sich in O und im Punkt P^1 auf der Geraden OP. In den beiden

98

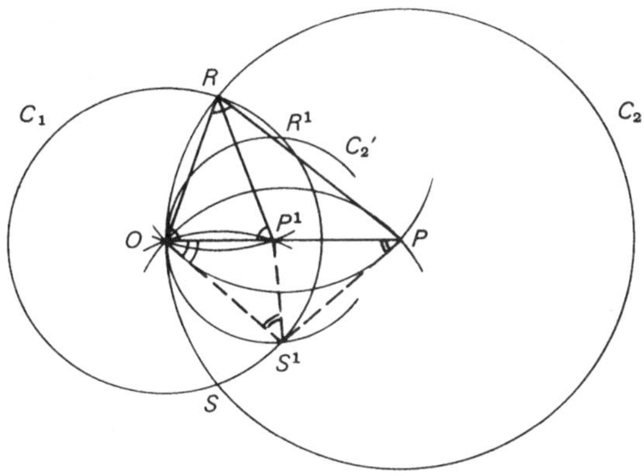

Bild 57

gleichschenkligen Dreiecken ORP und ORP^1 gilt: $\angle ORP = \angle POR = \angle OP^1R$. Da somit die beiden Dreiecke ähnlich sind, ist $OP : OR = OR : OP^1$. Hieraus ergibt sich $OP \cdot OP^1 = (OR)^2 = r^2$. Der Punkt P^1 ist daher invers zu P.

Liegt P^1 innerhalb von C_1, so erhält man mit der gleichen Konstruktion den zu P^1 inversen Punkt. Auch die Begründung der Konstruktion ändert sich nicht. Wir bringen somit den Kreis C_2' um O durch P^1 mit C_1 zum Schnitt. Die Schnittpunkte R^1 und S^1 werden als Mittelpunkte zweier Kreise mit Radius $r = OS^1$ gewählt, die sich in O und P schneiden.

Wieder haben wir zwei gleichschenklige Dreiecke OS^1P und OP^1S^1; es gilt daher $\angle OS^1P^1 = \angle P^1OS^1 = \angle S^1PO$. Da Dreieck OP^1S^1 zum Dreieck OS^1P ähnlich ist, gilt $OP^1 : OS^1 = OS^1 : OP$, woraus $OP \cdot OP^1 = (OS^1)^2 = r^2$ folgt. Die letzte Beziehung zeigt, daß P und P^1 inverse Punkte sind.

Wir bringen nun die Lösung unseres ursprünglichen Problems mit der Methode der Inversion. In Bild 58 ist C_2 der Kreis, dessen Mittelpunkt gesucht ist. Wir wählen auf C_2 einen Punkt O und zeichnen um O als Mittelpunkt einen Kreis C_1 mit beliebig gewähltem Radius r, der C_2 in R und S schneidet. Mit diesen Punkten als Mittelpunkt zeichnen wir nun zwei Kreise mit Radius RO (= SO), die sich in P^1 schneiden. Der Vergleich mit Bild 57 zeigt, daß der gesuchte Mittelpunkt P bzgl. des Kreises C_1 um O invers zu P^1 ist. P kann also allein mit Hilfe des Zirkels konstruiert werden.

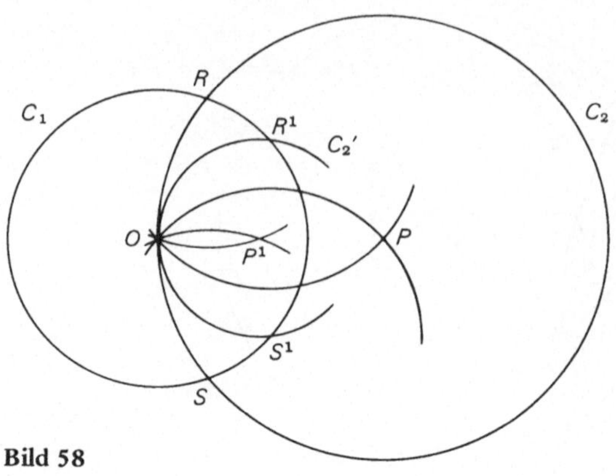

Bild 58

Der Kreis C_2' um P^1 mit Radius $P^1 O$ schneidet C_1 in R^1 und S^1. Kreise um R^1, S^1 mit Radius $r = R^1 O$ schneiden sich in P, dem gesuchten Mittelpunkt von C_2.

35 Das gleichschenklige Dreieck

Das folgende Problem stammt ebenfalls von Professor Thebault, dem die Unterhaltungsmathematik eine Reihe interessanter und origineller Probleme verdankt. Die meisten seiner Aufgaben kommen aus der Geometrie und Zahlentheorie. Thebault ist Meister in der Konstruktion einfacher geistreicher Aufgaben, die mit Mitteln der elementaren Geometrie zu lösen sind. Auch das folgende Problem ist von diesem Typ: „Die Gerade AM durch die Ecke A des Dreiecks A B C und den Punkt M der ihr gegenüber liegenden Seite BC sei Winkelhalbierende und Seitenhalbierende, dann ist Dreieck A B C gleichschenklig. Gesucht ist ein elementarer geometrischer Beweis."

Lösung. Für die Dreiecke ABM und ACM mit der gemeinsamen Seite AM gilt: BM = MC, ∢ BAM = ∢ MAC. Um die Kongruenz der beiden Dreiecke zu zeigen, verlängern wir die Strecke AM über M hinaus so, daß M Mittelpunkt von AD ist. Verbinden wir D mit B und C, so erhalten wir insgesamt vier Teildreiecke und es gilt: die Dreiecke BMD, AMC sind kongruent, ebenso die Dreiecke ABM und DMC. Diese

100

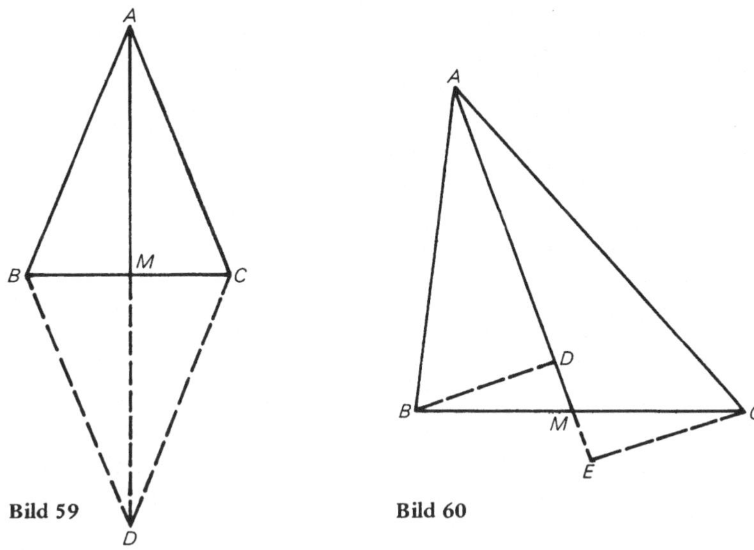

Bild 59

Bild 60

Dreiecke stimmen jeweils in zwei Seiten und dem von ihnen einge-schlossenen Winkel überein. Somit ist das Viereck ABCD ein Parallelo-gramm. Da aber in diesem Parallelogramm die Diagonale AD den Win-kel bei A halbiert und daher auch ∢ BAM = ∢ BDM gilt, ist ABCD eine Raute; insbesondere haben wir dann AB = AC. Nun zu einer interessan-ten, wenn auch etwas längeren Lösung des gleichen Problems.

Wir zeichnen das Ausgangsdreieck ABC in einer deutlich vom gleichschenkligen Dreieck abweichenden Form. Von B und C aus wer-den die Lote BD und CE auf AM (Bild 60) gefällt. Wir erhalten die bei-den ähnlichen Dreiecke ABD und ACE und es gilt AB : AC = BD : CE. Da ∢ BMD = ∢ CME, sind auch die Dreiecke BDM und CEM ähnlich, woraus BM : CM = BD : CE folgt. Aus beiden Gleichungen ergibt sich AB : AC = BM : CM = 1, d. h. Dreieck ABC ist gleichschenklig.

Unter die zahlreichen interessanten Lösungen, die mit ''reductio ad absurdum'' arbeiten, läßt sich auch Professor Thebaults eigener Lö-sungsvorschlag einordnen.'' Angenommen, Dreieck ABC mit AM als Winkelhalbierende, und Seitenhalbierende von BC ist nicht gleich-schenklig. Dann gibt es ein gleichschenkliges Dreieck A B' C' (Bild 61) das mit ABC im Winkel bei A und in der Länge der Winkelhalbierenden AM übereinstimmt.

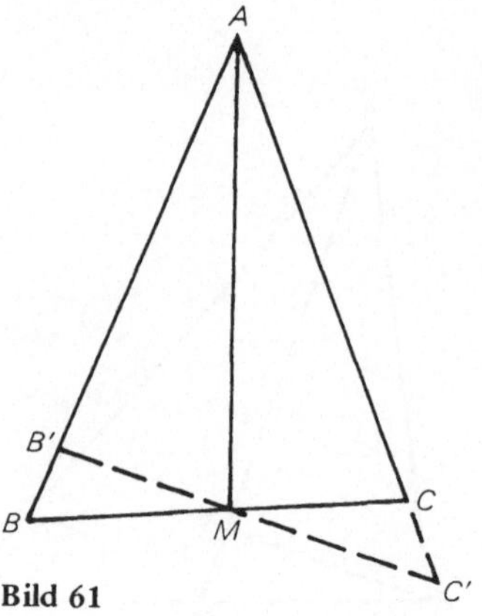

Bild 61

Da bei einem gleichschenkligen Dreieck die Halbierende des Winkels an der Spitze gleich Seitenhalbierende der Basis ist, gilt $B'M = MC'$ und die Dreiecke $BB'M$ und CMC' sind kongruent. Da dann auch $\angle CC'M = \angle MB'B$, müssen AB und AC parallel sein. Dies steht aber im Widerspruch dazu, daß sich die beiden Geraden in A schneiden. Somit ist Dreieck ABC gleichschenklig und fällt mit dem Dreieck $AB'C'$ zusammen.

In dieser Aufgabe wird wieder einmal deutlich, welch verschiedene Lösungsansätze selbst ein einfaches elementargeometrisches Problem zuläßt.

36 Das Wetter in Azuciana

Auf einer tropischen Insel, Azuciana, herrscht ein merkwürdiges Klima: Niemals regnet es länger als einen Tag. Die Meteorologen haben die Wetteraufzeichnungen bis in die Zeit des alten Königs Foobius zurückverfolgt; sie haben dabei herausgefunden, daß in der Tat die allgemeine Erfahrung, daß auf einen Regentag stets ein Sonnentag folgt, bestätigt wird. Außerdem ergab sich: Mit Wahrscheinlichkeit 1/2 regnet es nach einem Sonnentag. Obwohl diese Erkenntnisse von den Meteorologen nur widerwillig akzeptiert wurden, stellt sich z. B. für die Fremdenverkehrswirtschaft von Azuciana die wichtige Frage, wieviele Sonnentage im Jahr (365 Tage) zu erwarten sind.

102

Lösung. Wenn wir in einem Koordinatensystem als Abszisse die Anzahl n der Sonnentage pro Jahr und als zugehörige Ordinate die Anzahl der verschiedenen Möglichkeiten (Permutationen), die Zahl n zu gewinnen, auftragen, dann erhalten wir den gesuchten Wert als Abszisse der maximalen Ordinate; das ist der sogenannte Modalwert der entsprechenden Kurve. Im allgemeinen ist der gefundene Wert vom arithmetischen Mittel der Sonnentage verschieden. Bekanntlich ist auch die häufigste Schuhgröße von der durchschnittlichen Schuhgröße verschieden. Dies ist ein geläufiger Sachverhalt der beschreibenden Statistik (vgl. Bild 62).

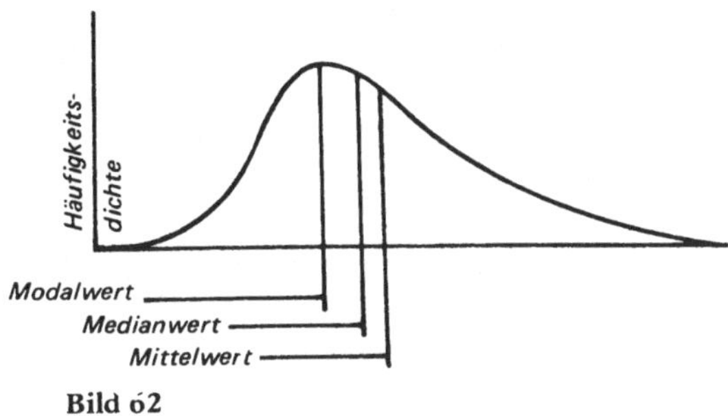

Bild 62

Die Bestimmung des Modalwerts der Kurve mit strengen mathematischen Mitteln ist gar nicht so einfach. Wir bezeichnen einen Sonnen- bzw. Regentag mit S bzw. R. Nun betrachten wir „Wörter" der Länge n aus m Symbolen S und n-m Symbolen R, wobei jedes R von einem S gefolgt wird (mit Ausnahme eines am Wortende auftretenden R). Wir unterscheiden nun 4 Fälle:

Tritt am Wortanfang und Wortende S auf, so ist das Wort äquivalent zu einem Wort der Länge $m - 1$, das $n - m$ Blöcke RS und $2m - n - 1$ Symbole S enthält, deren Vorgänger ebenfalls S ist. Es gibt insgesamt $\dfrac{(m - 1)\,!}{(2m - n - 1)\,!\,(n - m)} = : w$ verschiedene Wörter dieser Art (Anzahl der Permutationen von $m - 1$ Objekten, von denen $n - m$ von der einen und $2m - n - 1$ von der anderen Sorte sind). Da die Übergangswahrscheinlichkeit von S nach S bzw. von S nach RS jeweils 1/2 ist, ergibt sich für das Auftreten einer solchen Folge die Wahrscheinlichkeit $\left(\dfrac{1}{2}\right)^{m - 1} \cdot w$.

Beginnt das Wort mit S und endet es mit R, so erhält man in analoger Weise die Wahrscheinlichkeit

$$\left(\frac{1}{2}\right)^m \frac{(m-1)!}{(n-m-1)!\,(2m-n)!}$$

Somit ergibt sich für die Wahrscheinlichkeit P (S, n, m), daß ein mit S beginnendes Wort der Länge n genau m Symbole S und n − m Symbole R enthält.

$$P\,(S,\,n,\,m) = \left(\frac{1}{2}\right)^m \frac{(3m-n)!\,(m-1)!}{(2m-n)!\,(n-m)!} \qquad (+)$$

Dieser Ausdruck wird maximal für den größten Wert von m, für den P (S, n, m) > P (S, n, m − 1) gilt. Mit (+) erhalten wir die Ungleichung (m − 1) (n − m + 1) (3m − n) > 2 (2m − n − 1) (3m − n − 3) (2m − n) für n = 365 ergibt dies p (m) = 9m³ − 4394 m² + 670875m − 32818610 < 0.

Die einzige positive Nullstelle von p (m) liegt zwischen 243 und 244, so daß P für m = 243 maximal ist.

Eine analoge Überlegung können wir nun für die beiden übrigen Fälle, d.h. für Wörter, die mit R beginnen, anstellen (dies entspricht dem obigen Fall, wenn wir in (+) n = 364 setzen) und erhalten die Ungleichung.

$$q\,(m) = -\,9m^3 - 4382m^2 + 667217m - 32550700 < 0.$$

Die einzige positive Nullstelle von q (m) liegt zwischen 243 und 244, so daß P (R, 364, m) ebenfalls für m = 243 maximal ist.

Der Wert m = 243 stimmt in dieser Situation tatsächlich mit dem Mittelwert überein. Man würde also eine symmetrische Wahrscheinlichkeitsverteilung erwarten, was hier allerdings nicht zutrifft.

Wenn man weiß, daß sich in unserem Fall der Mittelwert ergeben muß, dann kann man diesen $\frac{2}{3} \cdot 365$ viel einfacher berechnen. Viele unserer Leser haben die Aufgabe auf diese Weise gelöst, ohne sich aber Gedanken über die Rechtfertigung ihrer Methoden zu machen.

Wir bringen nun drei solcher verkürzter Lösungen; es ist in diesem Zusammenhang recht lehrreich, die Argumente hinsichtlich ihrer Stimmigkeit zu analysieren und sie mit der recht umfangreichen Untersuchung über Permutationen zu vergleichen.

(1) Aus den Voraussetzungen: Ein Sonnentag folgt stets auf einen Regentag, und die Wahrscheinlichkeit für Regen nach einem Sonnentag ist 1/2, ergeben sich drei Typen von Tagen. R Tage, an denen es nach Sonnenschein regnet, S_r Sonnentage, die nach Regen kommen, S_s Sonnentage, die auf Sonnentage folgen. Für die entsprechenden Wahrscheinlichkeiten gilt $P_r + P_{S_r} + P_{S_s} = 1$.
Da jeder Tag zu genau einem der genannten Typen gehört, ist $P_r = 1/3$. Die Wahrscheinlichkeit für einen Sonnentag ist $P_{S_r} + P_{S_s} = 1 - 1/3 = \frac{2}{3}$. Daher gibt es im Durchschnitt jährlich $\frac{2}{3} \cdot 365\frac{1}{4} = 243$ Sonnentage.

(2) Ein Regentag R tritt stets in einer Folge SRS auf (S: Sonnentag). In jeweils 50 % der Fälle setzt sich SRS zu SRSS bzw. zu SRSRS fort; für die Zahlen N_s, N_r der Sonnen- bzw. Regentage gilt dabei $N_s = 2N_r$. Analog setzt sich SRSS (50 %) in jeweils 25 % der Fälle zu SRSSS bzw. SRSSRS fort. SRSRS (50 %) setzt sich in jeweils 25 % der Fälle zu SRSRSS bzw. SRSRSRS fort, wobei ebenfalls $N_s = 2N_r$ für die Gesamtheit dieser Fälle gilt. Da sich dieses Verhältnis offenbar auch bei weiteren „Verzweigungen" nicht ändert. haben wir im Jahr durchschnittlich $N_s = 2N_r = \frac{2}{3} \cdot 365 = 243\ 1/3$ Sonnentage.

(3) S_k bzw. R_k sei die Wahrscheinlichkeit für Sonnenschein bzw. Regen am k-ten Tag. Da es nach unseren Voraussetzungen an einem Tag entweder regnet oder die Sonne scheint, gilt $S_k + R_k = 1$. Ausserdem kann es an einem Tag nur dann regnen, wenn zuvor die Sonnen geschienen hat; die Wahrscheinlichkeit, daß es an einem bestimmten Tag regnet, ist die Hälfte der Wahrscheinlichkeit, daß am Vortag schönes Wetter war. Somit ist $R_{k+1} = \frac{1}{2} S_k$ und mit $R_{k+1} + S_{k+1} = 1$ ergibt sich $S_{k+1} = 1 - \frac{1}{2} S_k$. Wenn sich die Tage hinsichtlich der Wahrscheinlichkeit für Regen nicht unterscheiden, so ist $S_{k+1} = S_k = \frac{2}{3}$. Diese Annahme können wir folgendermaßen verifizieren. Wir setzen $S_k = \frac{2}{3} + D_k$; diese lineare Transformation führt $S_{k+1} = 1 - \frac{1}{2} S_k$ über in $D_{k+1} = -\frac{1}{2} D_k$. Unterscheidet sich also S an einem bestimmten Tag um den Betrag D_k, so beträgt der Unterschied am folgenden Tag — bei verändertem Vorzeichen — nur mehr die Hälfte dieses Betrags. S konvergiert also schnell gegen den Wert 2/3, und nachdem sich die Wetterbeobachtung über

einen langen Zeitraum erstreckte, ist $S = \frac{2}{3}$. Somit ist der Modalwert gleich dem Mittelwert, da wir eine gleichmäßige Wahrscheinlichkeitsverteilung haben. Im Jahr gibt es also durchschnittlich $\frac{2}{3} \cdot 365\ 1/4 = 244$ Sonnentage.

37 Vereinfachte Punktabrechnung

An 10 Spieler werden Punkte vergeben. Der Sieger erhält 9, der zweite 8 Punkte, usw. Die nächsten 4 Spieler liegen auf dem gleichen Platz (Unentschieden) und erhalten daher jeweils $(7 + 6 + 5 + 4) : 4 = 5\ 1/2$ Punkte. Man kann die Punktabrechnung folgendermaßen vereinfachen: Ein Spieler erhält für jeden Spieler, den er im Rangplatz übertrifft, je einen Punkt; für jeden Spieler mit dem er sich auf dem gleichen Rangplatz befindet, erhält er einen halben Punkt. Man zeige, daß diese Regel unabhängig von der Zahl der Spieler und der Zahl der gleichrangigen Spieler allgemein gilt.

Lösung. Spieler S sei gleichrangig mit m weiteren Spielern und S übertreffe mit seinem Rangplatz n Spieler. Jeder der mit S gleichgangigen Spieler erhält

$$[n + (n + 1) + (n + 2) + \ldots + (n + m)] : (m + 1)$$

Punkte. Den Dividenden kann man umformen zu

$$[n\,(m + 1) + (0 + 1 + 2 + \ldots + m)] =$$

$$= [n\,(m + 1) + \tfrac{1}{2}m\,(m + 1)].$$

Nach Division mit $m + 1$ erhält man in der Tat $n + \frac{m}{2}$.

38 Kuhhandel

Eines Tages besuchte Euklidchen mit seinem Vater einen alten Freund der Familie auf seinem Bauernhof. Der Bauer erzählte, was seit dem letzten Zusammentreffen passiert war. „Du weißt ja, mein Partner und ich hielten eine Rinderherde. Nach einer gewissen Zeit verkauften wir die Herde; pro Kopf Vieh wollten wir genauso viele Dollars wie die Herde Köpfe zählte. Mit dem Erlös kauften wir so viele Schafe wie möglich; pro Schaf mußten wir 10 Dollar bezahlen. Vom Rest des Geldes legten wir uns noch einen Hund zu. Dann beschlossen wir zu teilen; jeder von uns sollte gleich viel Tiere erhalten. Den Hund erhielt mein Partner; das haben wir mit einer Münze ausgelost." An dieser Stelle unterbrach Euklidchen die Erzählung. „Ich hoffe, Sie haben Ihrem Partner zusätzlich noch \$ 2 gegeben, um die Teilung gerecht zu machen", „Ja, natürlich" antwortete der Bauer überrascht, „woher wußtest Du das denn?"

Lösung. Manchmal muß man schon staunen, welche Aufgaben die Leute austüfteln. Das vorliegende Problem stammt wahrscheinlich von jemandem, der sich in der Zahlentheorie gut auskennt und weiß, daß eine Quadratzahl, deren vorletzte Ziffer ungerade ist, als Endziffer eine 6 hat. Diese Tatsache mag der Anstoß für obige Aufgabe gewesen sein. Wie auch immer, dieser Gedanke ist der Schlüssel für die Lösung. Der Erlös aus dem Verkauf ist eine Quadratzahl. In der Schafherde befindet sich eine ungerade Zahl von Schafen. Da jedes Schaf \$ 10 kostet, ist die vorletzte Ziffer der Quadratzahl ungerade. Um zu zeigen, daß ihre Endziffer 6 sein muß, überlegen wir uns, daß jede natürliche Zahl z in der Form $z = 10a + b$ $(a \geqslant 0, b \geqslant 1)$ dargestellt werden kann, wobei b die Endziffer der Zahl ist. Nun betrachten wir $z^2 = 100a^2 + 20ab + b^2$; $100a^2$ hat an den beiden letzten Stellen die Ziffer 0, die letzte Ziffer von 20 ab ist 0 und die vorletzte Ziffer ist gerade. Damit z^2 an der vorletzten Stelle eine ungerade Ziffer hat, muß b^2 an der ersten Stelle eine ungerade Ziffer haben. Somit gibt es für b^2 nur die beiden Möglichkeiten $4^2 = 16$ bzw. $6^2 = 36$. Der Hund kostete also \$ 6 und der Partner mußte noch \$ 2 erhalten, um die Teilung gerecht zu machen.

MATHEMATICAL NURSERY RHYME No. 20

There was an old woman who lived by the sea
And no one around could figure like she.
She'd figure while strolling from morning till night
Then go home and figure by dim candle-light.
She integrated d(cabin) over (cabin) for me
And showed that it equaled log cabin plus C.

MATHEMATICAL NURSERY RHYME No. 21

As round as an apple, as deep as a cup,
And all the King's horses cannot pull it up.
This Mother Goose riddle is easy as π
Times d squared over 4,—multiplied by
The h of a passage to regions below,
Envisioned by Dante,—WELL we all know.

I've studied many an odd equation
But none with such bizarre relation
As that the famed De Moivre found
And published to the world around.
He took the symbol known as *e*,
The base of logs found naturally,
And raised it to the power pie-eye,
Then added one—he knew just why.
And thus became a mathman's hero,
By ending up with what?—just zero.
Is there an inner meaning here—
Basic, transcendental, clear?—
How often when result is sought,
We work with power, but end with nought.

39 Paradoxe Wahrscheinlichkeit

„Wie groß ist die Wahrscheinlichkeit, daß die Höhen eines Dreiecks wieder ein Dreieck bilden können?'' Dieses, mit Aufgabe 12 zusammenhängende Problem hat eine heiße und äußerst interessante Diskussion zwischen Lesern unserer Zeitschrift entfacht. In den Überlegungen einiger Leser spielen z. T. auch philosophische Aspekte eine Rolle. Dazu aber später.

Zunächst ist klar, daß man aus den Höhen eines Dreiecks mit Seitenlängen 10, 10, 2 kein Dreieck konstruieren kann. Ist das ein Ausnahmefall?

Da ein Dreieck aus drei gegebenen Seitenlängen genau dann konstruiert werden kann, wenn die Summe zweier Seitenlängen stets größer als die dritte Seite ist, könnte man meinen, die Aufgabe läuft darauf hinaus, die Wahrscheinlichkeit dafür zu bestimmen, daß die Summe von je zwei Höhen eines Dreiecks größer als die dritte Höhe ist. In der Tat, genau das ist unser Problem. Die folgenden Auszüge aus der Korrespondenz zu dieser Aufgabe zeigen, daß sich auf korrekten Wegen numerisch verschiedene Wahrscheinlichkeiten berechnen lassen. Die Frage nach der optimalen Lösung berührt Aspekte der Philosophie, Ästhetik, Symmetrie.

Lösung. Daß man bei dieser Aufgabe je nach Ansatz zu unterschiedlichen Ergebnissen kommt, liegt daran, daß man bei der Auswahl der Dreiecke unterschiedlich vorgehen kann. In dieser Hinsicht ist unser Problem mit der Aufgabe verwandt, den Mittelwert der Längen von Sehnen eines gegebenen Kreises zu bestimmen. Die Lösung hängt davon ab, in welcher Weise man die Sehnenlänge variieren läßt: man kann z. B. die Endpunkte auf den Kreis verändern, oder den zu einer Sehne gehörenden Mittelpunktswinkel, etc.

Von den verschiedenen Möglichkeiten, unser Ausgangsdreieck variieren zu lassen, werden wir nun eine besonders einfache wiedergeben.

Herr Hobbs schreibt: „Gegeben sei ein Dreieck mit den Seitenlängen A, B, C. Wir können dabei $A \geq B \geq C$ annehmen. Außerdem gilt $B + C \geq A$. Wenn wir B und C als Vielfaches von A darstellen $B = A \cdot b$, $C = A \cdot c$, so erhalten wir $1 \geq b \geq c$ sowie $b + c \geq 1$, d. h. $c \geq 1 - b$. Sollen die Höhen dieses Dreiecks erneut ein Dreieck bilden, so gilt für die Reziproken der Seiten des Ausgangsdreiecks: $1 + \frac{1}{b} \geq \frac{1}{c}$, d. h. $c \geq \frac{b}{1 + b}$.

Aus Bild 63 geht hervor: Ein Punkt mit Koordinaten b, c der außerdem $1 \geq b \geq c$ und $c \geq 1 - b$ erfüllt, liegt im Dreieck das durch

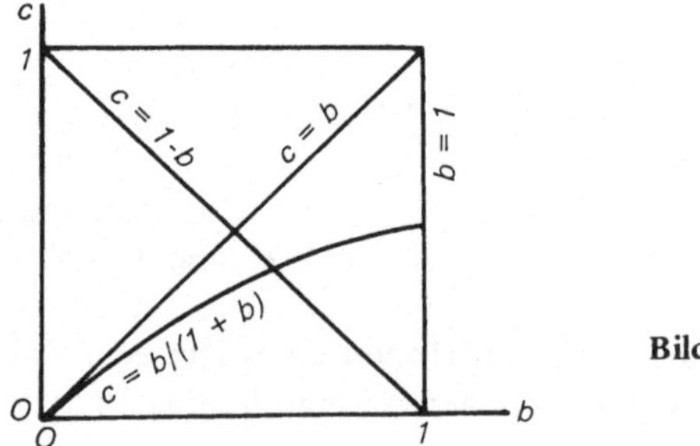

Bild 63

die Geraden c = 1 − b, c = b und b = 1 berandet wird. Die Wahrscheinlichkeit P, daß die drei Höhen ein Dreieck bilden, ergibt sich aus dem Verhältnis der Fläche des Dreiecks oberhalb der Kurve $c = \frac{b}{1+b}$ zur Gesamtfläche des Dreiecks.

Mit Hilfe der Integralrechnung findet man

$$P = \left(\frac{1}{4} - \int_{\frac{\sqrt{5}-1}{2}}^{1} \left(\frac{b}{1+b} - 1 + b\right) db\right) \Big/ \frac{1}{4}$$

$$= 1 - 4 \int_{\frac{\sqrt{5}-1}{2}}^{1} \left(\frac{b}{1+b} - 1 + b\right) db$$

Wertet man das Integral aus, so ergibt sich $P = 2 - \sqrt{5} + 8 \log 2 - 4 \log (1 + \sqrt{5}) = 0{,}6118$.

Von A. Gingrich erhielten wir zwei korrekte Lösungen mit $P = 0{,}6328$ und $P = 0{,}6845$. D. Grossmann berechnete $P = 0{,}535$ und K. Lichtenwahrer erzielte das Resultat $P = 0{,}5754$. Somit steht die Chance etwa 2 : 3, daß die Höhen wieder ein Dreieck bilden.

Bevor wir dazu übergehen, Kommentare von Lesern zu erörtern, die ein anderes Resultat als das von Hobbs erhalten hatten, wollen wir uns mit deren Lösungen beschäftigen. Gingrich's erste Lösung: „Die Seitenlängen eines Dreiecks seien s, xs und yxs, wobei $s \geqslant xs \geqslant yxs$. Die Zahlen x, y sind positiv und höchstens gleich 1. Da die genannten Strecken Seiten eines Dreiecks sind, gilt $xs + yxs > s$, d. h. $x(1 + y) > 1$. Ist F die Fläche des Dreiecks, dann haben die Höhen die Längen $\frac{2F}{s}$, $\frac{2F}{xs}$, $\frac{2F}{xys}$, wobei $\frac{2F}{s}$ die kürzeste und $\frac{2F}{xys}$ die längste Höhe ist. Sollen die drei Höhen ein Dreieck bilden, so muß die längste Höhe kleiner sein als die Summe der beiden anderen:

$$\frac{2F}{s} + \frac{2F}{xs} > \frac{2F}{yxs}; \text{ hieraus folgt } xy + y > 1, \text{ d. h. } y(x + 1) > 1.$$

Werden die Größen x, y wie in Bild 64 in rechtwinkligen Koordinaten aufgetragen, so zerlegt die Kurve $x(1 + y) = 1$ das Einheitsquadrat in zwei Gebiete. Eine analoge Zerlegung wird von der Kurve $y(1 + x) = 1$ bewirkt. Damit die Seiten s, xs, yxs ein Dreieck bilden können, muß der Punkt (x, y) im Einheitsquadrat oberhalb der Kurve $x(1 + y) > 1$ liegen, d. h. im Gebiet von A_1 und A_2. Damit aus den

111

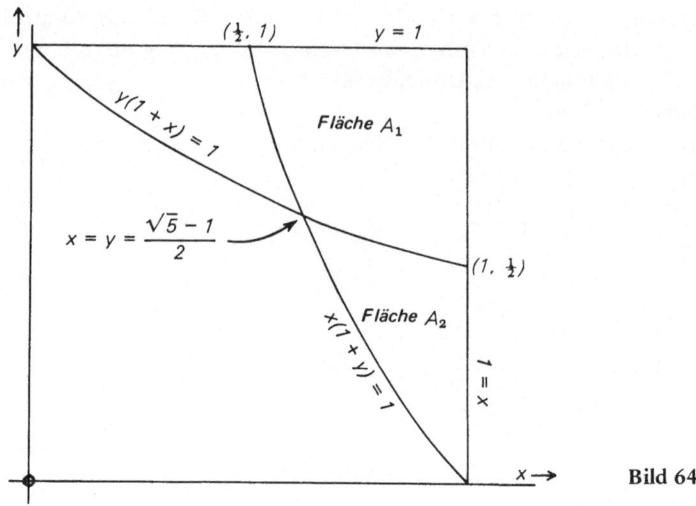

Bild 64

Höhen des Dreiecks ein neues Dreieck gebildet werden kann, muß der Punkt (x, y) oberhalb der Kurve y (1 + x) = 1 liegen. Beide Bedingungen werden genau von den Punkten aus A_1 erfüllt. Somit erhalten wir für unsere gesuchte Wahrscheinlichkeit P = $\dfrac{\text{Fläche } A_1}{\text{Fläche } A_1 + \text{Fläche } A_2}$. Durch Integration ergibt sich Fläche A_1 + Fläche A_2 = 1 − log 2 und Fläche $A_1 = \dfrac{1}{T} + 2 \log \dfrac{2}{T}$, wobei T = $\dfrac{1}{2} (\sqrt{5} + 1) = 2 \cos \dfrac{\pi}{5}$ = 1,618034. Folglich ist P = $\dfrac{1}{T} + 2 \log \dfrac{T}{2}$: (1 − log 2) = 0,632762."

Interessanterweise geht in P die Größe T ein, die unmittelbar mit dem „Goldenen Schnitt" zusammenhängt (vgl. Problem Nr. 47). Eine der bemerkenswerten Eigenschaften von T ist die Beziehung $\dfrac{1}{T}$ = T − 1. Der „Goldene Schnitt" wiederum hängt eng mit Eigenschaften des 5-, 10-Ecks und des Ikosaeders zusammen.

Nachdem Gingrich eine Kopie der Lösung von Hobbs erhalten hatte, versuchte er noch einmal einen Ansatz: „Ich glaube, die Lösung von Hobbs ist besser als meine, weil bei mir die Länge xys der dritten Seite von der Länge xs der zweiten abhängig ist. Bei Hobbs können dagegen die Werte b und c unabhängig voneinander variieren. Ich bin jedoch nicht davon überzeugt, daß Hobbs Lösung oder die meinige die adäquate Lösung ist. Sind a, b Streckenlängen mit o ≤ a ≤ b < ∞, so meine ich, daß die Annahme einer konstanten Wahrscheinlichkeitsver-

112

teilung für das Verhältnis $\frac{a}{b}$, b $\neq$ o bei unabhängig voneinander variierendem a, b nicht korrekt ist.

Könnten wir Gleichverteilung annehmen, so wäre Hobbs Lösung korrekt. Ich werde meiner 2. Lösung ebenfalls die obige Annahme zugrunde legen, komme aber dennoch zu einem anderen Wert P = 0,6845 für die gesuchte Wahrscheinlichkeit.

Die Seitenlängen eines Dreiecks seien xs, s, ys mit xs $\geqslant$ s $\geqslant$ ys. Für x und y gelten folgende Nebenbedingungen x $\geqslant$ 1, 0 $\leqslant$ y $\leqslant$ 1. Weiter haben wir die Dreiecksungleichung s + ys > xs, d. h. 1 + y > x, y > x − 1.

Ist F die Fläche des Dreiecks, so erhalten wir die Längen der drei Höhen $\frac{2F}{xs}$, $\frac{2F}{s}$, $\frac{2F}{ys}$; $\frac{2F}{ys}$ ist die längste, $\frac{2F}{xs}$ die kürzeste Höhe. Wenn die drei Höhen wieder ein Dreieck bilden sollen, dann muß die längste Höhe kleiner als die Summe der beiden anderen sein. Dies ergibt $\frac{2F}{xs}$ + $\frac{2F}{s}$ > $\frac{2F}{ys}$ bzw. y + xy > x, woraus y > $\frac{x}{1+x}$ folgt.

Stellt man die Werte x, y im rechtwinkligen Koordinatensystem dar, so zerlegt die Gerade y = x − 1 den ersten Quadranten in zwei Gebiete (gekennzeichnet durch y > x − 1, Punkte oberhalb der Geraden und durch y < x − 1, Punkte unterhalb der Geraden).

In ähnlicher Weise zerlegt die Kurve y = $\frac{x}{1+x}$ den ersten Quadranten; insgesamt interessieren jedoch nur die Punkte mit x > 1 und 0 $\leqslant$ y < 1.

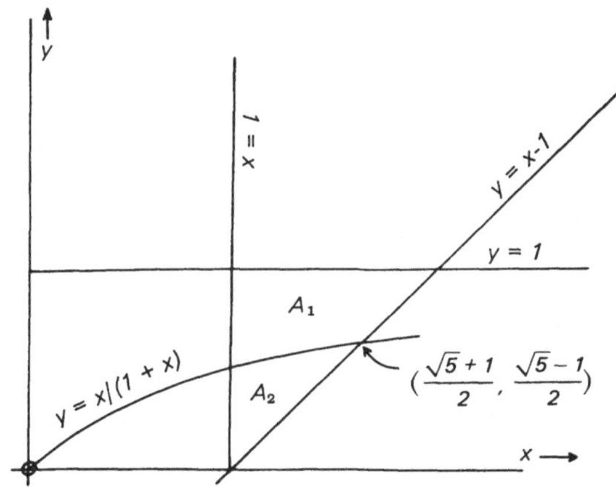

Bild 65

Genau dann kann man aus den Strecken mit Längen xs, s, ys ein Dreieck bilden, wenn der Punkt (x, y) in diesem ausgezeichneten Gebiet oberhalb der Geraden y = x − 1 liegt, d. h. im Innern des Dreiecks ABC. (Bild 65)

Entsprechend kann aus den zugehörigen Höhen genau dann ein Dreieck gebildet werden, wenn der Punkt (x, y) im Innern des Gebiets ABC und oberhalb der Kurve $y = \dfrac{x}{1 + x}$ liegt (Gebiet A_1).

Für die Wahrscheinlichkeit P, daß die Höhen ein Dreieck bilden ergibt sich daher $P = \dfrac{\text{Fläche } A_1}{\text{Fläche Dreieck ABC}}$. Offensichtlich hat das Dreieck ABC den Flächeninhalt 1/2, und durch Integration erhalten wir Fläche $A_2 = \dfrac{3T}{2} - 2 - \log \dfrac{1}{2}\,(T + 1)$, wobei $T = \dfrac{1}{2}\,(\sqrt{5} + 1) = 2 \cos \dfrac{\pi}{5} = 1{,}618034$. Hieraus folgt schließlich $P = 5 - 3T + 2 \log \dfrac{1}{2}\,(T + 1) = 0{,}6845$.‟

Kommen wir nun zur Lösung von Grossman. Sein Ansatz stützt sich auf das Mittendreieck eines gleichseitigen Dreiecks, das natürlich ebenfalls wieder gleichseitig ist (Bild 66). Wir werden gleich zeigen, wie man diesen Sachverhalt nutzen kann, um zunächst das folgende einfachere Problem in Angriff zu nehmen (vgl. auch S. 141 in "Ingenious Mathematical Methods and Problems"): „Eine gegebene Strecke wird durch zwei zufällig gewählte Punkte in drei Teilstrecken zerlegt. Wie groß ist die Wahrscheinlichkeit, daß mit diesen Teilstrecken ein Dreieck gebildet werden kann?“ Wir nehmen an, daß die beiden Zerlegungspunkte unabhängig von einander gewählt werden. Die Lösung dieser Aufgabe läßt uns dann auch die Lösung von Grossmann besser verstehen.

Dreieck $A'\,B'\,C'$ sei Mittendreieck des gleichseitigen Dreiecks ABC, es ist also $AC' = C'\,B$, $BA' = A'\,C$, $CB = B'\,A$ (Bild 66). Das Mittendreieck $A'\,B'\,C'$ ist ebenfalls ein gleichseitiges Dreieck. Wählen

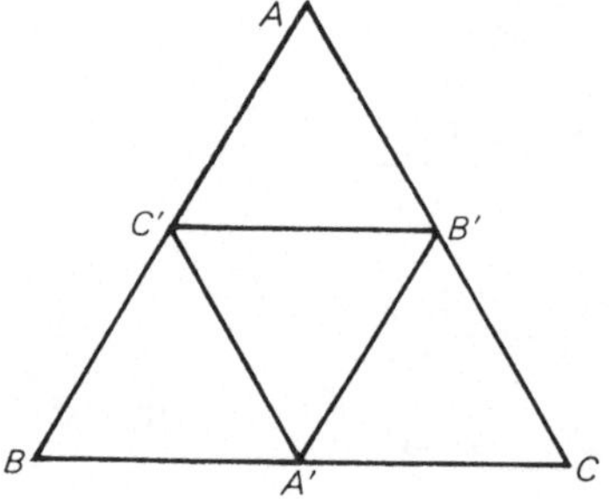

Bild 66

114

wir nun einen Punkt Q im Innern oder auf dem Rand des Dreiecks
ABC, so ist die Summe der Abstände von Q zu den Seiten AB, AC, BC
gleich der Höhe von Dreieck ABC. Jeder Punkt Q entspricht somit
einer Zerlegung der Höhe in drei Abschnitte, deren Länge sich aus den
Entfernungen von Q zu den Dreiecksseiten ergeben. Wählen wir die
Länge der Höhe gleich der Länge unserer Ausgangsstrecke, so haben wir
damit unsere Aufgabe in einen neuen Kontext gestellt. Genau die
Punkte des Mittendreiecks entsprechen „günstigen" Unterteilungen der
Ausgangsstrecke, d. h. aus den Teilstrecken kann ein Dreieck gebildet
werden. Der Abstand eines Punktes Q aus $A'B'C'$ zu einer beliebigen
Seite von Dreieck ABC ist nämlich höchstens gleich der Hälfte der
Höhe von Dreieck ABC. Damit ist für das zu bildende Dreieck auch die
Dreiecksungleichung erfüllt. Die gesuchte Wahrscheinlichkeit ergibt sich
aus dem Verhältnis der Flächen der Dreiecke ABC und $A'B'C'$ und hat
den Wert 1/4.

Nun zu Grossmann's Lösung unserer ursprünglichen Aufgabe.

„Im gleichseitigen Dreieck O X Y sei K M N das Mittendreieck
(Bild 67). (O, OX, OY) deuten wir als schiefwinkliges Koordinatensystem; die Strecken OA = BP, OB = AP sind die schiefwinkligen Koordinaten eines Punktes P aus O X Y. Liegt P zudem im Innern des Mittendreiecks KMN, so sieht man leicht $AP < \frac{1}{2} OX$, $BP < \frac{1}{2} OX$ und $AP + BP
> \frac{1}{2} OX$, somit sind die Nebenbedingungen für die Reziproken der Sei-

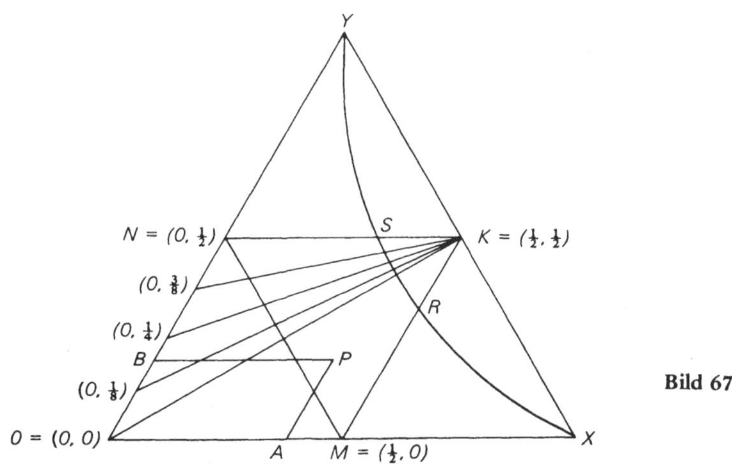

Bild 67

115

ten des Ausgangsdreiecks (und damit für die uns interessierenden Höhen)
erfüllt. Es besteht daher eine umkehrbar eindeutige Beziehung zwischen
den Punkten im Dreieck KMN und Dreiecken deren Umfang gleich OX
ist. Dem Punkt P entspricht ein Dreieck mit den Seitenlängen AP, BP
und OX − (AP + BP).

Nun sei OX = OY = 1; die Kurve XRSY mit der Gleichung $\frac{1}{x} + \frac{1}{y} = \frac{1}{1-x-y}$ bzw. $x^2 + 3xy + y^2 = x + y$ schneidet vom Dreieck KMN einen
Eckbereich ab, dessen Punkte Dreiecke mit Umfang 1 entsprechen, aus
deren Höhen kein neues Dreieck gebildet werden kann. Eine analoge
Überlegung ergibt sich für Eckbereich bei M und N.

Um mit den schiefwinkligen Koordinaten fertig zu werden und
komplizierten Integrationen aus dem Wege zu gehen, berechnen wir die
Fläche KRS durch schrittweise Approximation. Dazu wird die Strecke
ON in Intervalle gleicher Länge unterteilt. Die Verbindungen mit den
entsprechenden Teilpunkten und K bewirken eine Zerlegung des Gebiets KRS in „Dreiecke". Das Kurvenstück RS wird hierzu durch ein
Geradestück parallel zu MN ersetzt. Für den in Bild 67 dargestellten
Fall schneidet RS auf den von K zu den Punkten (0, t) t = 1/2, 3/8, 1/4,
1/8, 0 gezogenen Strecken der Reihe nach folgende Bruchteile der Gesamtlänge ab: 0,381966; 0,31446; 0,265203; 0,22834; 0,2. Diese Werte
findet man so: RS teilt etwa die Strecke mit Endpunkten (0, 3/8) und
(1/2, 1/2) im Punkt T im Verhältnis t : (1 − t). Mit $x^2 + 3xy + y^2 = x + y$
ergibt sich t = 0,68554 und 1 − t = 0,31446.

Durch die eingezeichneten Strecken mit Endpunkten (0, t) und K
wird Dreieck OKN in flächengleiche Teile zerlegt. Wir berechnen den
Anteil der Fläche von Dreieck KST an der Dreiecksfläche KMN. Die
Dreiecksfläche KST ist 0,381966 · 0,31446 = 0,120113 vom Viertel der
Dreiecksfläche OKN und somit 0,030028 von der Fläche KMN. Analog
erhält man der Reihe nach die anderen Anteile an der Dreiecksfläche
KMN:

$$0,31446 \quad \cdot \, 0,265203 \cdot \frac{1}{4} = 0,020849$$
$$0,265203 \cdot 0,22834 \cdot \frac{1}{4} = 0,015139$$
$$0,22834 \quad \cdot \, 0,2 \qquad \cdot \frac{1}{4} = 0,011417.$$

Als Gesamtflächenanteil ergibt sich somit 0.077433. Berücksichtigen
wir nun auch die anderen Eckbereiche, bei denen sich aus Symmetriegründen der gleiche Flächenanteil ergibt, so werden 46,46 % der Fläche
KMN abgeschnitten, und es bleiben 53,54 %. Damit ist die Chance, daß

116

bei einem zufällig gewählten Dreieck mit Umfang 1, (bzw. bei beliebigem Umfang) die Höhen erneut ein Dreieck bilden, etwa 53,5 %.

Wir bringen nun verschiedene Auszüge aus Leserzuschriften, die sich eingehender mit den Grundlagen unseres Wahrscheinlichkeitsparadoxons beschäftigen.

(1) Jedes Wahrscheinlichkeitsproblem beruht auf gewissen expliziten oder impliziten Grundannahmen hinsichtlich gleichwahrscheinlicher Ereignisse und der Wahrscheinlichkeitsverteilung. Bestimmt man zum Beispiel den Mittelwert der Längen der Sehnen eines Kreises in Abhängigkeit vom zugehörigen zufällig gewählten Zentriwinkel γ ($0° \leqslant \gamma \leqslant 180°$), so ergibt sich ein anderer Wert, als wenn man die beiden Eckpunkte der Sehnen zufällig und unabhängig von einander auf der Kreisperipherie wählt. Jede Annahme über Wahrscheinlichkeiten ist eine Konvention; dennoch kann man in bestimmten Situationen die eine Annahme der anderen vorziehen, wenn damit etwa der entsprechende physikalische Sachverhalt besser erfaßt wird (Modellbildung!, d. Übers.), oder aus ästhetischen Gründen z. B. hinsichtlich der Symmetrie von Variablen (z. B. Seiten, Winkel eines Dreiecks), oder wenn eine gleichmäßige Verteilung in einem bestimmten Bereich angenommen werden kann. Keine dieser Bedingungen wird in unserem „Höhenproblems" bzw. den Lösungen von Hobbs und Gingrich zum Ausdruck gebracht. Andererseits treffen aber beide Aufgabenlöser durch die Festlegung der Variablen und die Wahl der Koordinatensysteme (rechtwinklig bzw. schiefwinklig) eine unbewußte Entscheidung hinsichtlich der Wahrscheinlichkeiten.

Es ist gar nicht so einfach, die Voraussetzungen in den Lösungen von Hobbs und Gingrich aufzudecken und zu explizieren. Beide gehen von verschiedenen Bedingungen aus. Sie unterscheiden sich zudem von den Voraussetzungen, die ich meiner Lösung zugrunde lege. In Gingrich's Lösung besteht eine vollständige Asymmetrie zwischen den 3 Seiten des Dreiecks. In der Lösung von Hobbs besteht eine teilweise Asymmetrie; die Asymmetrie zwischen b und c kann behoben werden ohne die Lösung zu verändern: anstelle von $1 \geqslant b \geqslant c$ schreibe man $1 \geqslant b$, $1 \geqslant c$ und füge der Beziehung $1 + \frac{1}{b} \geqslant \frac{1}{c}$ die Ungleichung $1 + \frac{1}{c} \geqslant \frac{1}{b}$ bei. Dann erhält man statt Bild 63 das Diagramm (Bild 68) und die gesuchte Wahrscheinlichkeit ergibt sich aus dem Flächenverhältnis $\frac{II + III}{I + II + III + IV}$ statt aus dem gleichwertigen Verhältnis $\frac{III}{III + IV}$. Das Ergebnis bleibt

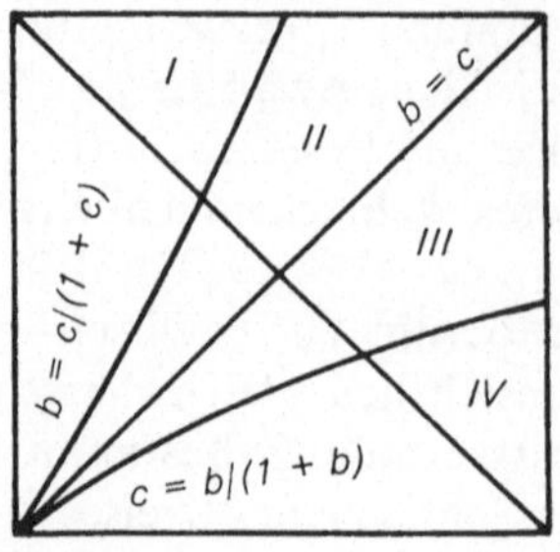

Bild 68

gleich, doch die Lösung wird durch die berücksichtigte Symmetrie, die sich auch im obigen Diagramm niederschlägt, eleganter."

(2) „Der Haken bei unserem Problem liegt bei unseren intuitiven Vorstellungen von den Begriffen „Wahrscheinlichkeit", „gleichwahrscheinlich", „zufällig". In der Aufgabe, wo es um die Herstellung eines Dreiecks aus den Teilstrecken einer durch zwei zufällige Punkte unterteilten Ausgangsstrecke ging, ist die Wahl der beiden Punkte unabhängig voneinander und kein Punkt ist wahrscheinlicher als der andere. Die Schwierigkeit bei der „Höhenaufgabe" rührt daher, daß wir offenbar keine intuitive Vorstellung von gleichwahrscheinlichen Dreiecken besitzen. Wenn wir sagen, daß wir aus der Menge aller Dreiecke in der Weise Dreiecke auswählen, daß der Wahl zweier beliebiger Dreiecke die gleiche Wahrscheinlichkeit zukommt, so ist dies nur eine Umformulierung unseres Problems. Unsere Intuition und der Sinn für Ästhetik kann uns zwar der Lösung des Problems näher bringen; die volle Lösung erhalten wir auf diesem Wege nicht. Somit erscheint es vernünftig, wenn wir die Dreiecksseiten aus einer Grundmenge wählen (die gemeinsame Verteilungsfunktion der Seitenlängen x, y, z sollte in x, y, z symmetrisch sein). Unser Gefühl für Symmetrie legt es nahe, daß die drei Seiten gleich behandelt werden. Gleiches wäre auch für die drei Winkel zu fordern. Obwohl ich es nicht bewiesen habe, meine ich, daß eine dieser Bedingungen die andere impliziert. Die Lösung von Grossmann erfüllt diese Bedingungen; die Wahl eines schiefwinkligen Koordinatensystems macht die Rechnung jedoch ziemlich aufwendig. Verwendet man ein rechtwinkliges Koordinatensystem, so erhält man natürlich das gleiche Resultat, weil die entsprechende *lineare* Koordinatentransformation das Verhältnis von Flächen unverändert läßt. Als Resultat erhalte ich 0,535, so daß Grossmann's Approximation gut an dieses Er-

118

gebnis herankommt. Ich kann mir nicht vorstellen, daß man gegen diese Lösung Einwände bringen kann (abgesehen von der aufwendigen Rechnung).

Die Lösung von Gingrich andererseits, enthält offenbar eine innere Asymmetrie. Ich glaube, daß man mit ein bißchen Überlegung die Asymmetrie der Verteilung der beiden ersten Seiten beseitigen könnte; die nicht gleichmäßige Verteilung der dritten Seite bleibt. Andererseits könnte die Symmetrie hergestellt werden, wenn man bedenkt, daß Gingrich einen von sechs gleich wahrscheinlichen Fällen untersucht hat $(a \geqslant b \geqslant c, a \geqslant c \geqslant b, b \geqslant a \geqslant c, b \geqslant c \geqslant a, c \geqslant b \geqslant a, c \geqslant a \geqslant b;$ a, b, c sind die Längen der Dreiecksseiten) von denen jeder das gleiche Ergebnis liefert; ich bin mir aber nicht sicher, ob wir diese Interpretation machen dürfen, ohne uns dabei einen Widerspruch einzuhandeln.

Die vermeintliche Asymmetrie in meiner Lösung, auf die Grossmann verweist, rührt in Wirklichkeit davon her, daß ich bei der Bearbeitung des Problems Symmetrieüberlegungen voll ausgeschöpft habe."

(3) „Die Hauptfrage lautet: ‚Wie werden die drei Seiten a, b, c, ausgewählt?' Dies läuft im wesentlichen auf die Frage hinaus, wie das ursprüngliche Dreieck ausgewählt wird. Man kann antworten: ‚Zufällig'. Was heißt es aber, a, b, c zufällig auszuwählen? Was bedeutet die zufällige Auswahl eines Dreiecks? Man kann entgegnen: ‚In den meisten Aufgaben über Karten, Münzenwurf, usw. wird der Begriff „zufällige Auswahl", „zufälliges Ereignis" nicht explizit definiert. Gut, aber dies sind einfache Situationen, bei denen aus dem Kontext die Bedeutung dieser Begriffe hervorgeht: Keine Karte, keine Würfelseite, keine Münzseite ist — im nicht verfälschten Fall — gegenüber den anderen bevorzugt.

Hier stellt sich die philosophische Frage: wie kann man den Wahrscheinlichkeitsbegriff auf den Begriff der Gleichwahrscheinlichkeit gründen? Wie kann man den letzteren Begriff ohne den ersten definieren? Die einzig mögliche Antwort sehe ich darin, daß ‚Gleichwahrscheinlichkeit' gegenüber ‚Wahrscheinlichkeit' der einfachere Begriff ist. Ähnlich ist es in der Analysis, wo z. B. dem Begriff der Momentangeschwindigkeit der Begriff ‚Durchschnittsgeschwindigkeit' zugrunde gelegt wird, der einfacher ist, obwohl er zunächst komplizierter aussieht.

Was ist nun ein zufällig gewähltes Dreieck? Im folgenden gebe ich 5 verschiedene Erklärungen. Sie sind so geordnet, daß der Grad an Allgemeinheit abnimmt, und die zugehörigen Berechnungen leichter werden. Dies ist kein Zufall. Einschränkungen im Stichprobenraum sind meist mit vereinfachten Berechnungen verbunden (Andererseits mag manchem die Lösung von Gingrich sowohl spezieller und auch im Rechenaufwand schwieriger erscheinen als die Lösung von Hobbs).

a) Die Koordinaten von drei Punkten der Ebene werden zufällig ausgewählt. Diese drei Punkte sind die Ecken eines zufälligen Dreiecks.

b) Zwei Winkel werden aus dem Bereich von $0°$ bis $180°$ zufällig ausgewählt. Bei dieser Bedingung wird also nicht zwischen ähnlichen Dreiecken unterschieden.

c) Der Umfang u wird vorgegeben. Jede Dreiecksseite wird aus dem Intervall $[0, u/2]$ gewählt mit der Bedingung, daß die Summe der drei Seiten gleich u ist. Diese Annahme liegt meiner Lösung zugrunde.

d) Eine Seite a wird fest vorgegeben. Die beiden anderen Seitenlängen werden aus dem Intervall $[0, a]$ gewählt; dabei muß die Summe dieser Seitenlängen größer als a sein. Annahme von Hobbs.

e) Eine Seite a wird vorgegeben. Die Seite b wird aus dem Intervall von a/2 bis a, die dritte Seite c wird aus dem Intervall $[0, b]$ gewählt, so daß $b + c > a$ ist. Das ist die von Gingrich benutzte Methode.

(4) Abschließend noch eine interessante Anmerkung von M. Sherman zu unserer Aufgabe: „Die verschiedenen Resultate zu dieser Aufgabe überraschen mich gar nicht, man hätte noch weitere gültige Ergebnisse erzielen können. Das Problem erinnert mich an folgende Fragestellung: Wie groß ist die Chance, daß aus einem Hut eine 3 gezogen wird? Wenn man nicht weiß, was im Hut versteckt ist, kann man die Frage nicht eindeutig beantworten.

In unserem Fall enthält der Hut eine Kollektion von Dreiecken, wir wissen aber nichts über die Wahrscheinlichkeitsverteilungen bestimmter Formen, Seitenlängen, Winkel oder anderer Merkmale, die das Problem genauer festlegen würden.

Jeder der Aufgabenlöser mit unterschiedlichen Resultaten setzte unterschiedliche Inhalte des Hutes voraus, jeder beantwortete aufgrund dieser Annahme die Frage „Wie groß ist die Chance, daß die Höhen eines aus dem Hut gezogenen Dreiecks erneut ein Dreieck bilden?", richtig.

Gingrich löste z. B. beim ersten Lösungsversuch die folgende Aufgabe: ‚Gegeben seien drei Strecken. Wie groß ist die Wahrscheinlichkeit, daß, wenn diese Strecken ein Dreieck bilden, auch die Höhen ein Dreieck bilden. Annahme: Für die Wahrscheinlichkeit, daß das Verhältnis der längsten zur mittleren Strecke einen Wert zwischen 0 und 1 hat, liegt Gleichverteilung vor. Ebenso ist die Wahrscheinlichkeit für *das Verhältnis der kürzesten zur mittleren Strecke* im Intervall [0, 1] gleichverteilt. Beide Verhältnisse sind voneinander (stochastisch) unabhängig!

Der hervorgehobene Satzteil ist wichtig, denn Hobbs macht mit seiner Lösung — an Stelle des unterstrichenen Teils die Annahme: ‚ ... das Verhältnis der kleinsten zur größten Strecke ...', die übrigen Teile bleiben gleich.

Kehren wir noch einmal zu unserem Bild vom Hut zurück: Nur *die* Streckentripel werden in den Hut gesteckt, aus denen man ein Dreieck bilden kann; die übrigen sind uninteressant.

Die Lösungen von Gingrich, Hobbs und Grossmann habe ich sehr sorgfältig überprüft, und ich finde sie alle richtig. Allerdings muß man bedenken, daß die Lösung von Annahmen über die Wahrscheinlichkeitsverteilung der Dreiecks-Population abhängt."

40 Wer sind die Schönsten im ganzen Land?

„Können Sie mir nicht vertraulich die Rangfolge der favorisierten 5 Schönsten verraten?" fragte ich die Leiterin des Schönheitswettbewerbs. Natürlich weigerte sie sich, erklärte sich aber damit einverstanden, meine Vermutungen zu kommentieren.

„Ist die Rangfolge A-B-C-D-E?" fragte ich. „Da haben Sie ganz schlecht geraten" antwortete sie. „Keine der Personen steht auf dem richtigen Rangplatz, außerdem haben Sie auch die Reihenfolge zwischen je zwei unmittelbar aufeinander folgenden Schönheiten verfehlt" (so bräuchte z. B. C zwar nicht auf Platz 3 stehen, dennoch könnte D unmittelbar hinter C rangieren). Nun fragte ich „Ist D-A-E-C-B richtig?" „Das ist schon besser" antwortete sie „Zwei der Damen sind auf dem richtigen Rangplatz und für zwei Paare stimmt auch die Reihenfolge." Nach kurzem Nachdenken konnte ich ihr die richtige Reihenfolge sagen, und sie beschwor mich, ja nichts zu verraten. Wie lautet die richtige Rangfolge?

Lösung. Man beachte die Kürze der folgenden Lösung. Ist Ihre Lösung auch so gut gelungen?

Zwei Damen auf dem richtigen Rangplatz und zwei Paare in der richtigen Reihenfolge sind nur möglich, wenn ein Paar auf dem richtigen Platz genannt wird. Es gibt vier Möglichkeiten. DA, AE, EC, CB. Angenommen, eines der Paare DA, AE, EC ist auf dem richtigen Platz Man überlegt sich dann, daß die übrigen Personen nicht den gegebenen Bedingungen entsprechend angeordnet werden können. (Wählt man z. B. D A B E C, dann wäre AB in korrekter Reihenfolge im Widerspruch zur Auskunft über die Rangfolge A B C D E).

Somit sind C, B auf dem richtigen Platz. Für A, D, E bleiben die Reihenfolgen EDA und AED. Die zweite Möglichkeit scheidet aus weil A den selben Platz hätte wie in A B C D E. Die Lösung ist also E-D-A-C-B.

41 Aus der amerikanischen Straßenverkehrsordnung

In Rhode Island muß der Sicherheitsabstand zwischen zwei Autos mindestens eine Wagenlänge (etwa 10 ft) mal der Geschwindigkeit des zweiten Wagens sein. — Die Geschwindigkeit wird in Meilen pro Stunde (m.p.h.) gemessen — Angenommen, ein Wagen beschleunigt aus dem Stand in 6 Sekunden gleichmäßig auf eine Geschwindigkeit von 30 m.p.h. Wie groß darf die Beschleunigung eines unmittelbar dahinter startenden Autos zum Zeitpunkt des Starts, nach 1, 2, 3 Sekunden höchstens sein?

Lösung. Bevor wir zu den Einzelheiten der korrekten Lösung übergehen, soll vermerkt werden, daß uns bei der ersten Veröffentlichung dieser Aufgabe ein Fehler unterlaufen ist. Der Sicherheitsabstand wurde als proportional zur Geschwindigkeit des ersten Wagens angegeben Viele unserer Leser ließen sich hierdurch nicht aus der Ruhe bringen und kamen zu dem bizarren Resultat, daß der zweite Wagen mit der gleichen Beschleunigung wie der erste starten müsse, aber mit negativer Geschwindigkeit. Ein Leser meinte: „Die Aufgabe läßt den Schluß zu, daß die Straßenverkehrsordnung von Rhode Island manchmal auch beim besten Willen nicht erfüllt werden kann.

Sei x der Weg, den der erste Wagen nach dem Start in der Zeit t zurücklegt. Die Beschleunigung beträgt

$$\frac{d^2 x}{dt^2} = 30 \text{ m.p.h.}/60 \text{ s} = \frac{22}{3} \text{ ft/s}^2 \quad \text{und} \quad \frac{dx}{dt} = \frac{22}{3} t$$

MATHEMATICAL NURSERY RHYME No. 23

Astronomers, you will agree,
Are expert in anomaly.
A wrongly charted perihelion
May well provoke them to rebellion.
Yet they, when Glenn nears apogee,
Celestial about than we.

MATHEMATICAL NURSERY RHYME No. 24

Fee Fi Fo Fum !
Give me higher and higher vacuum.
Ten to the minus fourteen torr,
And here's just what I must have it for :
I'm planning an interplanet trip,
And none of my gear may stall or skip
In space where there's scarcely a snitch of air.
Which means that the loads the rig must bear
Must be matched by tests in torr so high
As to top the vacuum where I fly.

MATHEMATICAL NURSERY RHYME No. 25

Scintillate, scintillate, little celestial,
Far above things terrestrial ;
Scientists wonder how you've fared,
Since Einstein's *e* equals *mc* squared.

Scintillate, scintillate, globule vivific,
Fain would I fathom thy nature specific
Loftily poised in the azure capacious
Strongly resembling a jewelled carbonaceous.

MATHEMATICAL NURSERY RHYME No. 26

There was a Sine-curve man
Who walked a Cycloid mile,
And found a Cardioid sixpence

By a Witch of Agnesi stile.
His Hyperbolic cat
Caught a Logarithmic mouse,

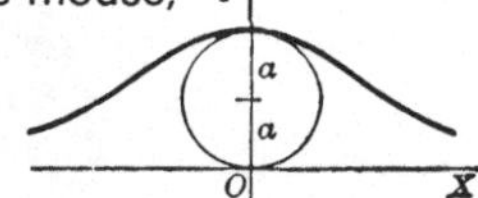

And they all lived together
In a Lituus Ungula house.

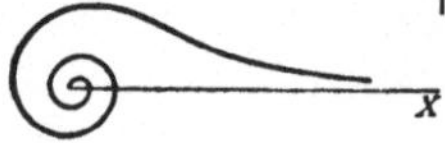

124

(da für t = 0, $\frac{dx}{dt}$ = 0). Für den zurückgelegten Weg ergibt sich hieraus $x = \frac{11}{3} t^2$. Ist y die Position des zweiten Wagens zum Zeitpunkt t, so muß, falls der zweite Wagen jeweils 10 ft hinter dem ersten für je 10 m.p.h., die dieser zurücklegt, bleiben soll, die Differenz $x - y$ den Wert $\frac{15}{22} \frac{dx}{dt}$ übertreffen (m.p.h. sind in ft/sec umgewandelt). Somit ist $y \leqslant \frac{11}{3}t^2 - 5t$, $\frac{dy}{dt} \leqslant \frac{22}{3}t - 5$ und $\frac{d^2y}{dt^2} \leqslant \frac{22}{3}$. Auf den ersten Blick scheint die maximal zulässige Beschleunigung für den zweiten Wagen $\frac{22}{3}$ ft/s² zu sein. Eine genauere Untersuchung der Geschwindigkeit des zweiten Autos zeigt, daß dies nur möglich wäre, wenn dieses zunächst mit einer Geschwindigkeit von 5 ft/s rückwärts fahren würde. Dies ist natürlich unsinnig. — Selbst wenn sich das zweite Auto nicht bewegt, wird damit die obige Verordnung verletzt. Beschleunigt nämlich der erste Wagen eine Sekunde lang, so beträgt seine Geschwindigkeit $7\frac{1}{3}$ ft/s und der Abstand zum zweiten Wagen müßte nun größer als $\frac{15}{22} \cdot \frac{22}{3} = 5$ ft sein. Da der vom ersten Wagen in einer Sekunde zurückgelegte Weg nur $3\frac{2}{3}$ ft ist, wird vom zweiten Wagen die Verordnung übertreten, es sei denn, dieser würde sich in dieser Sekunde um $1\frac{1}{3}$ ft zurückbewegen. Befindet sich jedoch unmittelbar hinter dem zweiten Auto ein weiteres, so würde diese Gesetzestreue recht unangenehme Folgen nach sich ziehen.

Um der Verordnung von Rhode Island Genüge leisten zu können, muß davon ausgegangen werden, daß der Sicherheitsabstand proportional zur Geschwindigkeit des *zweiten* Wagen ist." Dann ergibt sich: Ist die Beschleunigung des ersten Wagens gleich a, so ergibt sich für den vom zweiten Wagen zurückgelegten Weg in Abhängigkeit von der Zeit $x = \frac{at^2}{2} - c \cdot \frac{dx}{dt}$, wobei c eine den geforderten Abstand der beiden Wagen beschreibende Konstante ist. Differenzieren wir nun und setzen $\frac{d^2x}{dt^2} = b$, so ergibt sich für die Beschleunigung b des zweiten Wagens $b = a - c \cdot \frac{db}{dt}$. Hieraus erhalten wir $b = a(1 - \exp(-\frac{t}{c}))$, wobei $a = \frac{22}{3}$ ft/s², $c = \frac{15}{22}$ ist. Somit berechnet man für t = 1, 2, 3 s die Werte b = 5, 7; 6, 9; 7, 3 ft/s².

42 Rechtwinkliges Dreieck

Von Professor Thebault stammt folgendes Problem: Konstruiere ein rechtwinkliges Dreieck derart, daß dessen Katheten und die Hypothenusenhöhe zur Konstruktion eines anderen rechtwinkligen Dreiecks geeignet sind.

Lösung. Die überraschende Lösung besteht hier wohl darin, einen weiteren Winkel des gesuchten rechtwinkligen Dreiecks numerisch zu ermitteln und diesen dann mit möglichst einfachen Mitteln zu konstruieren.

Wir betrachten das Dreieck ABC (Bild 69) mit der Hypothenusenhöhe CD. Ist b die längere der beiden Katheten, so fordert die Aufgabe, daß $a^2 + h^2 = b^2$ gilt.

Da andererseits $(AD)^2 + h^2 = b^2$ ist, muß $AD = a$ sein, d. h. die kürzere Kathete stimmt mit dem längeren der beiden Hypothenusenabschnitte überein.

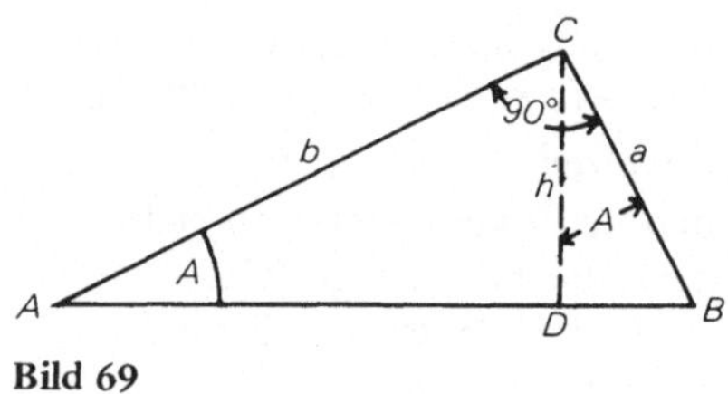

Bild 69

Aus den Teildreiecken ADC und BCD erhalten wir $\tan \alpha = \cos \alpha$, woraus sich nach leichter Umformung $\sin^2 \alpha + \sin \alpha - 1 = 0$ ergibt. Als Lösung dieser Gleichung erhalten wir $\sin \alpha = \dfrac{\sqrt{5} - 1}{2}$.

Um ein rechtwinkliges Dreieck mit dem entsprechenden Winkel α zu konstruieren, gehen wir so vor. Zunächst konstruieren wir ein rechtwinkliges Dreieck BCP mit BC = 2 und PC = 1 (Bild 70). BP wird über P hinaus um die Länge 1 verlängert, d. h. PQ = 1. Der Kreis um B mit Radius BQ schneidet die Verlängerung von CP (über P hinaus) in A.

ABC ist das gesuchte Dreieck, denn $BA = \sqrt{5} + 1$, BC = 2 woraus $\sin \alpha = \dfrac{2}{\sqrt{5} + 1}$ folgt. Durch Erweitern dieses Bruchs mit $(\sqrt{5} - 1)$ ergibt sich $\dfrac{2}{\sqrt{5} + 1} = \dfrac{\sqrt{5} - 1}{2}$.

126

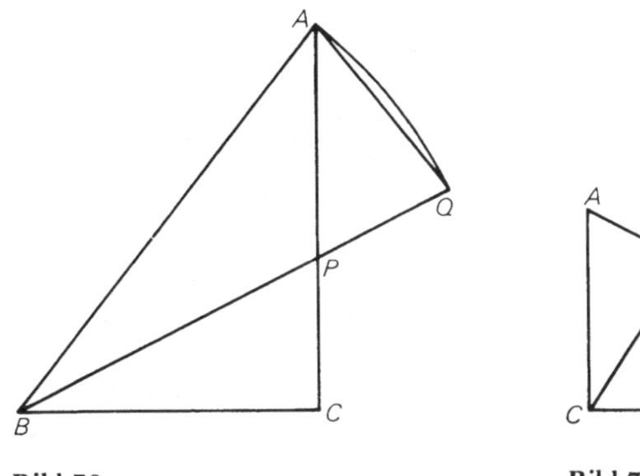
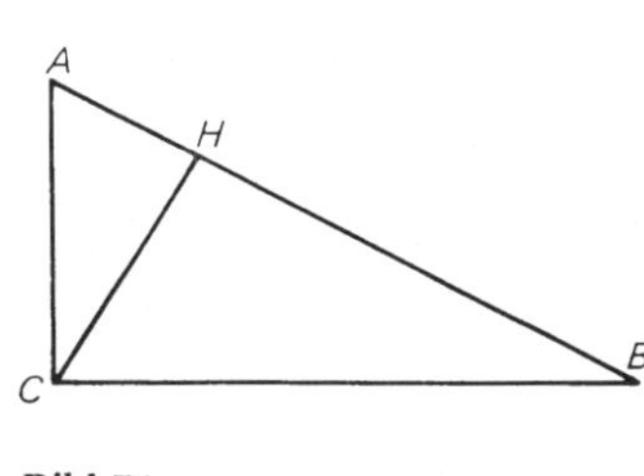

Bild 70   **Bild 71**

Im folgenden bringen wir noch eine recht konventionelle Lösung des Problems: „Wir gehen von dem rechtwinkligen Dreieck ABC mit Hypothenusenhöhe CH aus (Bild 71). CH ist kürzer als die beiden Katheten AC, BC. Ist AC die kürzere der beiden Katheten, dann ist in dem aus AC, BC, HC gebildeten rechtwinkligen Dreieck BC die längste Seite, also Hypothenuse. Es gilt somit $(BC)^2 = (AC)^2 + (HC)^2$. Im rechtwinkligen Dreieck BCH gilt $(BC)^2 = (HB)^2 + (HC)^2$, woraus HB = AC folgt.

Ein weiterer Lösungsvorschlag, der stärker algebraisch orientiert ist. „Um das Längenverhältnis der Katheten des gesuchten Dreiecks herauszufinden, können wir so vorgehen (vgl. Bild 71); $(AC)^2 + (BC)^2 = (AB)^2$, $(AC)^2 + (HC)^2 = (BC)^2$. Aus der Ähnlichkeit der Dreiecke ABC und CHB folgt HC : BC = AC : AB. Wenn wir die letzte Gleichung quadrieren und aus den beiden anderen substituieren, erhalten wir

$$\frac{(BC)^2 - (AC)^2}{(BC)^2} = \frac{(AC)^2}{(AC)^2 + (BC)^2}$$ und hieraus $(BC)^2 (AC)^2 = (BC)^4 - (AC)^4$.

Wenn wir AC = 1 wählen, erhalten wir $(BC)^2 = (BC)^4 - 1$. Mit $K = (BC)^2$ geht diese Gleichung über in $K^2 - K - 1 = 0$. Die positive Lösung dieser Gleichung heißt „Goldener Schnitt". Es ist dies auch das Verhältnis zweier Strecken a, b $(a > b)$ für die gilt.

$$\frac{a}{b} = \frac{a + b}{a}$$

Für unsere Aufgabe erhalten wir $\dfrac{BC}{AC} = \sqrt{K} = \sqrt{1{,}618034\ldots}$."

43 Glücksspiel in Las Vegas

Bei dem folgenden Spiel werden Karten, die von 1 bis 20 durchnumeriert sind, gut gemischt und sodann vom Spieler der Reihe nach aufgedeckt auf den Tisch gelegt. Immer wenn eine Karte aufgedeckt wird, die eine Zahl trägt, die größer als die Zahlen der bereits aufgedeckten Karten ist, bekommt der Spieler \$ 10 von der Bank. Wenn die erste Karte aufgedeckt ist, erhält er stets \$ 10. Für jedes Spiel sind an die Bank im voraus \$ 50 zu bezahlen. 1) Gewinnt die Bank bei diesem Spiel? 2) Verallgemeinere das Spiel auf n Karten. 3) Man probiere das Spiel selbst mit 10 Karten („As" bis „Zehn") und vergleiche den Gewinn nach 25 Durchgängen mit dem theoretischen Wert.

Lösung. Wir bringen zwei recht unterschiedliche Lösungen von Dial-Lesern.

„n verschiedene Karten können wir auf $T = n!$ Arten ausspielen. Die k-te Karte gewinnt $\frac{T}{k}$ mal. Die erste Karte gewinnt $\frac{T}{1}$ mal (d. h. immer); die zweite gewinnt $\frac{T}{2}$ mal usw., die letzte gewinnt $\frac{T}{n}$ mal. Die Anzahl der Gewinne bei n Karten ist also $n!\left(\frac{1}{1} + \frac{1}{2} + \ldots + \frac{1}{n}\right)$. Das Produkt aus Auszahlung pro Gewinn und dem Ausdruck in Klammern ist der Wartungswert des Spielergewinns.

Für $n = 20$ ergibt sich \$ 35,97, so daß die Bank bei einem Einsatz von \$ 50 niemals Verlust machen wird.

Für 10 Karten ergibt sich \$ 29,29. Im Experiment ergab sich bei 20 Karten ein Gewinn von \$ 26,50 der — gemessen an den 3 628 800 möglichen Ausspielungen — recht nahe beim berechneten Wert liegt. Bei 4 Karten liefert die obige Formel 50 Gewinne: 24 bei Ausspielen der ersten Karte, 12 bei der zweiten, 8 bei der dritten und 6 bei der letzten."

Die andere Lösung: „Um beim Aufdecken der n-ten Karte des Stapels zu gewinnen, muß diese Karte eine größere Zahl tragen als alle bisher ausgespielten n-1 Karten; die Wahrscheinlichkeit dafür ist $\frac{1}{n}$. Für die erste Karte ist diese Wahrscheinlichkeit gleich 1, für die dritte gleich 1/3 usw.

In einem Spiel mit 20 Karten kann der Spieler einen Gewinn von $\$ 10 \cdot (1 + \frac{1}{2} + \ldots + \frac{1}{20}) = \$ 35,98$ erwarten. In einem Spiel mit 10 Karten beträgt der zu erwartende Gewinn \$ 29,29. Um durchschnittlich \$ 50 zu gewinnen, müßte man 87 Karten ausspielen. Da das Kasino aber nur 20 Karten verwendet, ist die Bank im Vorteil. Bei 50 Runden mit 10 Karten ergab sich bei einem Gesamteinsatz von \$ 2500 ein Gewinn von \$ 1490. Theoretisch wäre ein Gewinn von \$ 1464,48 zu erwarten gewesen. Theorie und Praxis sind also gut im Einklang."

44 Summe teilt Produkt

Gesucht sind zwei natürliche Zahlen, deren Summe ihr Produkt teilt. Man bestimme alle derartigen Zahlen.

Lösung. Die Bedingung der Aufgabe ist äquivalent zur Bestimmung aller ganzzahligen, positiven Lösungen der Gleichung $\frac{ab}{a+b} = c$. Nach einigem Probieren findet man eine Reihe von Lösungen der Gleichung. Das Problem besteht also darin, auf möglichst einfache Weise *alle* Lösungen zu bestimmen.

Eine typische Lösung:

„Sei a die kleinere und b = a + k die größere der beiden Zahlen; $\frac{a(a+k)}{2a+k} = c$ ist dann eine natürliche Zahl. Wir lösen nach a auf und erhalten $a = \frac{1}{2}\left[2c - k \pm (k^2 + 4c^2) \right]^{\frac{1}{2}}$

Somit muß $k^2 + 4c^2$ ein Quadrat sein. Wie wir wissen, ist das genau dann der Fall, wenn $2c = 2mn$ und $k = m^2 - n^2$ für natürliche Zahlen m, n. Hieraus ergibt sich:

$$a = n(m + n), \quad b = m(m + n), \quad c = mn \qquad (+)$$

Wählen wir z. B. m = 7, n = 5, so erhalten wir

$$a = 5 \cdot 12 = 60, \quad b = 7 \cdot 12 = 84 \text{ und } \frac{60 \cdot 84}{60 + 84} = 35 = 7 \cdot 5."$$

Leider liefert diese Methode nicht alle möglichen Zahlen a, b, die als Lösungen in Frage kommen.

So gilt etwa $\frac{24 \cdot 8}{24 + 8} = 6$, aber die Zahlen 8, 24 können nicht aus den Gleichungen (+) erhalten werden. Da c = 6 ist, gibt es für m und n nur die Möglichkeit 1, 6 bzw. 2,3; dies liefert aber für a, b die Zahlen 7, 42 bzw. 10, 15.

Die Untersuchung eines anderen Lesers führte zu $a = n + 1$, $b = an$. Diese Zahlen erfüllen zwar für beliebiges n die Bedingung der Aufgabe; dennoch sind damit nicht alle Lösungen erfaßt.

Der „Überraschungsangriff" auf das Problem, der *alle* Lösungen liefert, besteht darin, den Ausdruck $\frac{ab}{a + b} = c$ umzuformen zu $ab = ac + bc$, den Term c^2 zu addieren: $ab + c^2 = ac + bc + c^2$, und dann durch geschicktes Ausklammern in das Produkt $c^2 = (a - c)(b - c)$ zu verwandeln.

Nun sieht man: Aus jeder Zerlegung von c^2 in ein Produkt uv erhalten wir eine Lösung $a = c + u$, $b = c + v$. Wenn wir also — mit $c = 1$ beginnend — zu c jeweils eine von zwei Zahlen addieren, deren Produkt c^2 ergibt, erhalten wir sämtliche Lösungen unserer Aufgabe.

Zum gleichen Resultat gelangen wir auch auf folgendem Weg, der noch deutlicher zeigt, daß wir tatsächlich *alle* Lösungen erhalten. Aus $ab = c(a + b)$ ist ersichtlich, daß man alle Lösungen a, b erhält, wenn c sämtliche natürlichen Zahlen durchläuft.

Nun lösen wir nach b auf: $b = \frac{ca}{a - c}$; a muß also größer als c sein. Daher können wir a in der Form $a = c + d$ schreiben mit einer natürlichen Zahl d. Dann ist $b = c + \frac{c^2}{d}$; genau dann ist b eine natürliche Zahl, wenn d Teiler von c^2 ist.

Wir erhielten noch eine Vielzahl anderer Lösungen, die ähnlich wie die erste, nicht sämtliche Möglichkeiten für a, b erfaßten. Die erste Lösung hätte aber durch Berücksichtigung eines Faktors p in der Darstellung von a und b vervollständigt werden können:

$$a = pn(m + n), \quad b = pm(m + n).$$

Auf diese Form kann man leicht in folgender Weise kommen. Wir folgen wieder einer Leserzuschrift: „c sei der größte gemeinsame Teiler der Zahlen a, b und $a = cm$, $b = cn$. Dann ist $a + b = c(m + n)$ ein Teiler von $ab = c^2 mn$. Da m und n teilerfremd sind, kann $m + n$ kein Teiler von mn sein, d. h. $m + n$ muß Teiler von c sein. Es gilt also $p(m + n) = c$ für eine natürliche Zahl c. Hieraus folgt unmittelbar $a = pm(m + n)$, $b = pn(m + n)$."

Nicht ganz befriedigend ist, daß in diesen Ausdrücken drei Parameter (p, m, n) auftreten; während in der zweiten Lösung die Werte a, b im wesentlichen nur von dem Parameter c (und den Teilern von c^2) abhängen.

130

Das kleinste, die Bedingungen der Aufgabe erfüllende Zahlenpaar ist a = 3, b = 6. Man erhält es, wenn man in der eleganten Lösung c = 2 und u = 1, v = 4 wählt. Aus der zuletzt erörterten Lösung erhält man es für p = 1, m = 2 und n = 1.

Einige Leser des Dial bemerkten, daß unsere Aufgabe in enger Beziehung zu einer früheren Aufgabe des Dial und zu Problem Nr. 57 in unserem Buch "Ingenious Mathematical Problems and Methods" stand. In der früheren Dial-Aufgabe arbeitete Euklidchen wieder einmal mit der Linsenformel $\frac{1}{a} + \frac{1}{b} = \frac{1}{c}$. Er benutzte eine konvexe Linse mit der Brennweite c = 12 und wollte nur ganzzahlige Gegenstands- und Bildweiten a, b bestimmen, und zwar alle möglichen Werte.

Die Linsenformel kann man leicht umformen zu $\frac{ab}{a + b} = c$, und damit ist Euklidchens Problem als Spezialfall (c = 12) des unsrigen erkannt.

Ferner ist unser Problem mit dem aus Nr. 1 und aus Nr. 6 (gekreuzte Leitern) verwandt. Interessant ist auch noch, daß wir unsere Aufgabe auch so formulieren hätten können: Bestimme zwei natürliche Zahlen, deren harmonisches Mittel wieder eine natürliche Zahl ist. Das harmonische Mittel von a und b ist der Kehrwert von $\frac{1}{2} \left(\frac{1}{a} + \frac{1}{b} \right)$; dieser Kehrwert ist $\frac{2\,ab}{a + b}$.

Zusatz

Als Ergänzung zu den bisherigen Überlegungen bringen wir noch eine weitere Aufgabe. Zunächst aber die Lösung eines Dial-Lesers zu unserem ursprünglichen Problem.

„Wenn a, b natürliche Zahlen sind, deren Summe a + b ihr Produkt ab teilt, so ist $\frac{ab}{a + b} = Q$, und $a = \frac{Q(a + b)}{b}$. Fassen wir Q als Parameter auf, dann ist $a = Q \cdot \frac{a}{b} + 1$ nur dann eine natürliche Zahl, wenn a ein Vielfaches von b ist, d. h. $a = n \cdot b$.

Hieraus folgt: $Q = \frac{(nb)\,b}{nb + b} = \frac{nb}{n + 1}$; da aber $\frac{n}{n + 1}$ keine natürliche Zahl ist, muß $\frac{b}{n + 1}$ eine natürliche Zahl sein, etwa 1. Dann ist b = n + 1 und $a = n \cdot (n + 1)$, und wir erhalten folgende Tabelle:

n	$a = n(n+1)$	$b = n+1$	$a \cdot b$	$a + b$	$\dfrac{ab}{a+b}$
2	6	3	18	9	2
3	12	4	48	16	3
4	20	5	100	25	4
5	30	6	180	36	5
6	42	7	294	49	6

Die Aufgabe besteht nun darin, die Schwachstellen dieser Argumentation herauszufinden; denn offensichtlich erhält man durch dieses Verfahren z. B. die Werte a = 6, b = 12 nicht.

Lösung. b = 12 ist zwar Vielfaches von a = 6, d. h. n = 2, aber die obige Überlegung geht an der Stelle schief, wo aus $Q = \dfrac{nb}{n+1}$ wegen $\dfrac{n}{n+1} \notin N$ geschlossen wird, daß b = n + 1 ist. In der Tat kann nämlich b = m (n + 1) sein, mit einer natürlichen Zahl m.

Führen wir zusätzlich den Parameter m in unserer Tabelle ein, so können wir tatsächlich auch a = 6, b = 12 erhalten.

n	n + 1	m	$m(n+1) = b$	$nb = a$	ab	$a + b$	$\dfrac{mab}{a+b}$
2	3	1	3	6	18	9	2
2	3	2	6	12	72	18	4

45 Gleichschenkliges Dreieck aus Basis und Winkelhalbierender

Das folgende Problem aus der Geometrie kann in verschiedenen konventionellen Weisen, z. B. mit Hilfe der Trigonometrie oder der graphischen Lösung einer quadratischen Gleichung, bearbeitet werden. Es gibt aber auch einen überraschenden geometrischen Weg, der direkt aufs Ziel lossteuert. Versuchen Sie, diesen Weg herauszufinden. Die Aufgabe: Konstruiere ein gleichschenkliges Dreieck aus der Basislänge und der Länge der Winkelhalbierenden eines Basiswinkels (vgl. Bild 72).

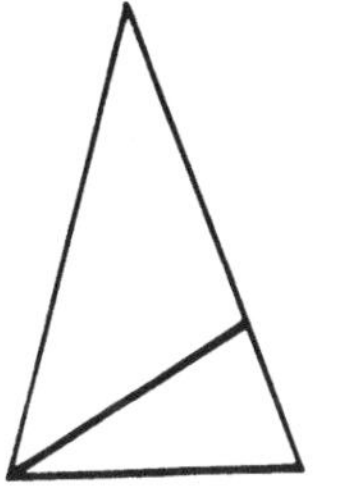

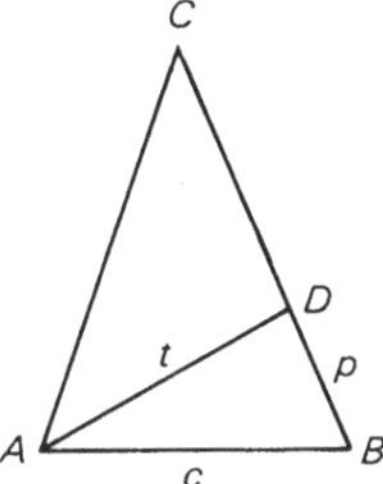

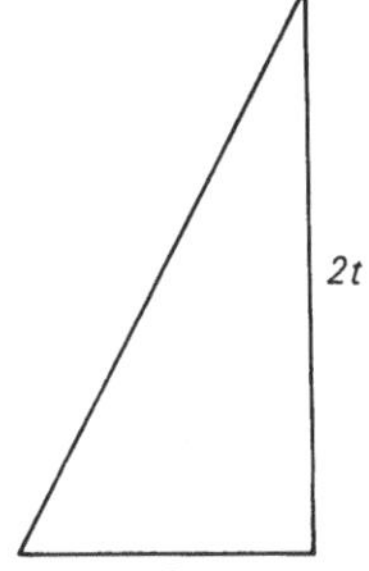

Bild 72

Lösung. Zunächst eine Lösung mit trigonometrischen Mitteln: Zwischen den Stücken c, t, p = DB des Dreiecks ABD besteht nach dem Konsinussatz die Beziehung

$$c^2 + t^2 - 2tc \cos \frac{\alpha}{2} = p^2$$

und nach dem Sinussatz gilt

$$\frac{t}{p} = \frac{\sin \alpha}{\sin \frac{\alpha}{2}} = 2 \cos \frac{\alpha}{2}$$

Bild 73

Aus beiden Gleichungen folgt $p^2 (c^2 - p^2) - t^2 (c - p) = 0$, woraus sich $p = \frac{1}{2} \left(\sqrt{c^2 + 4t^2} - c \right)$ ergibt.

Zur Konstruktion gehen wir von einem rechten Winkel mit den Schenkellängen c und 2t aus; p ist dann die halbe Differenz aus der Hypothenuse und der Länge c. Aus c, t, p kann das gesuchte gleichschenklige Dreieck konstruiert werden.

Die überraschende Lösung, die ohne Trigonometrie und Wurzeln auskommt, geht so:

Wir gehen von einem gleichschenkligen Dreieck ABC mit Basis AB = c aus; AD ist die Winkelhalbierende des Basiswinkels α bei A. Wir verlängern AB über B hinaus, so daß BM = BD ist und setzen AD = t, AB = c, BM = BD = p. Da die Dreiecke MBD und ADM ähnlich sind, gilt $t^2 = p (c + p)$.

133

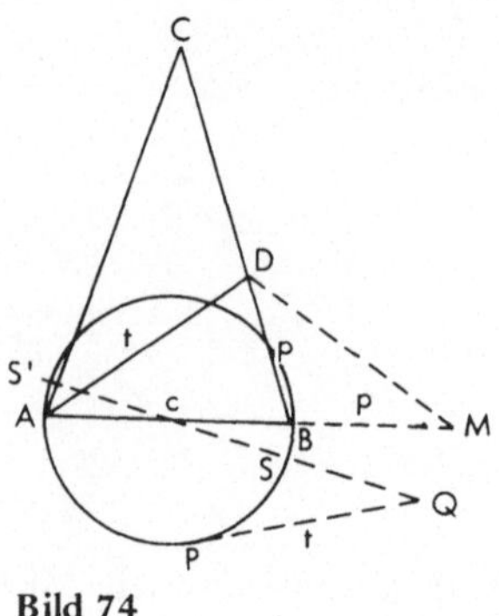

Bild 74

Nun konstruieren wir über der Strecke AB als Durchmesser einen Kreis. Im beliebig gewählten Punkt P des Kreises wird die Tangente und darauf der Tangentenabschnitt PQ der Länge t konstruiert. Die durch Q und den Kreismittelpunkt bestimmte Gerade schneidet den Kreis in den Punkten S und S'; dabei ist QS = p und QS' = c + p. Nun kann das gesuchte gleichschenklige Dreieck konstruiert werden.

46 Wer war der Mörder, wer das Opfer?

Sechs Männer, Adam, Braun, Ernst, Müller, Schmitt, Walther — sitzen in gleichen Abständen um einen runden Tisch herum (vgl. Bild 75). Genauer gesagt: fünf Männer sitzen und der sechste ist tot vornüber gekippt. Einer der fünf anderen Männer ist sein Mörder.
Wir wissen: 1) Ernst sitzt links vom Onkel des Mannes, der Ernst direkt gegenüber sitzt 2) Der Ermordete hatte keine Verwandten. 3) Adam bittet Müller, der neben ihm sitzt, um eine Zigarette. 4) Der Mörder sitzt nicht neben Onkel und Neffe, der Ermordete sitzt zwischen den beiden. 5) Der Mann an Schmitts rechter Seite — er heißt nicht Ernst — sitzt neben dem Mörder. 6) Adam sitzt Walther gegenüber, der nervös an seiner Zigarette zieht.
Wer wurde von wem ermordet?

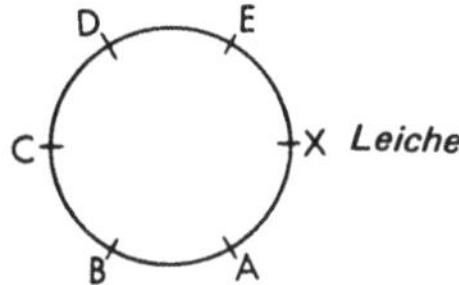

Bild 75

Lösung. Zu dieser Aufgabe gibt es eine Vielzahl von Lösungen, die allesamt auf logischem Kombinieren beruhen. Die folgende ist besonders einfach. Zunächst stellen wir die Sitzordnung graphisch dar (Bild 75). Aus 4) folgt, daß A und E das Onkel-, Neffenpaar sein muß. Nur B erfüllt dann die Bedingung 1), d. h. B ist Ernst. Aus 4) folgt, daß C der Mörder sein muß. 5) zeigt, daß E Schmitt ist. Nur A und D können 6) erfüllen, und aus 3) geht hervor, daß D Adam ist. A ist also Walther. Nach 3) muß C Müller sein. X ist demnach das Opfer Braun und Müller der Mörder. Bedingung 2) ist überflüssig.

Interessanterweise wurde diese Lösung von fast allen Leser gefunden. Dennoch gab es nach ihrer Veröffentlichung Einwände: „Die Aufgabe ist nicht eindeutig lösbar, und die gedruckte Lösung ist falsch. Aus 1), 3), 4) und 6) folgt, daß X nicht Adam, Müller, Ernst, Walther ist, und aus 4), 5) ergibt sich, daß X nicht Schmitt ist; X ist somit Braun. D oder A kann also Adam oder Walther sein. Aus 3) ersieht man, daß D Adam und A Walther ist. 5) liefert: E ist Schmitt und C ist Müller; somit ist entweder Schmitt oder Müller der Mörder. Bedingung 2) ist überflüssig.

Wird 2) ersetzt durch „der Mörder hat keine Verwandten am Tisch, und 5) durch „ ... sitzt links vom Mörder", so ist die Lösung eindeutig und stimmt mit der angegebenen überein."

Die unterschiedlichen Lösungen kommen offenbar durch die verschiedene Interpretation der Bedingung 4) zustande. Rechnet man eine Person P zu den Personen, die nicht neben P sitzen, dann ist die zweite Lösung korrekt. Im anderen Fall ist die erste Lösung richtig.

47 Noch einmal: Goldener Schnitt

Dieses Problem hat mit der sogenannten Fibonaccifolge zu tun. „Fibonacci" ist der Spitzname ihres Entdeckers Leonardo von Pisa. Die Fibonaccifolge wird so erzeugt: Beginnend mit den Zahlen 0, 1 ist jedes weitere Folgenglied die Summe der beiden vorhergehenden Folgenglieder: 0, 1, 1, 2, 3, 5, 8, 13, 21, 34, ... Die Verhältnisse aufeinanderfolgender Fibonaccizahlen wie $\frac{5}{8}, \frac{8}{13}, \frac{21}{34}$ trifft man bei verschiedenen natürlichen Spiralformen (z. B. in Sonnenblumen, Muscheln, Ananas oder spiraliger Blattanordnung) wieder.

Einer unserer Dial-Leser kam eines Tages auf die Idee, daß die aus der Fibonaccifolge gebildete Folge der Quotienten $\frac{0}{1}, \frac{1}{1}, \frac{1}{2}, \frac{2}{3}, \frac{3}{5}, \frac{5}{8}, \frac{8}{13}, \cdots$ gegen einen Grenzwert konvergieren müsse. Unser Problem: Man bestimme diesen Grenzwert!

Lösung. Wenn es einen Grenzwert L der Folge $\frac{a_{n-1}}{a_n}$, n = 1, 2, ... gibt, so gilt

$$L = \lim_{n \to \infty} \frac{a_{n-1}}{a_n} = \lim_{n \to \infty} \frac{a_n}{a_{n+1}}$$

$$L^2 = \lim_{n \to \infty} \frac{a_{n-1}}{a_n} \frac{a_n}{a_{n+1}} = \lim_{n \to \infty} \frac{a_{n-1}}{a_{n+1}}$$

$$L^2 + L = \lim_{n \to \infty} \frac{a_{n-1}}{a_{n+1}} + \lim_{n \to \infty} \frac{a_n}{a_{n+1}} = \lim_{n \to \infty} \frac{a_{n-1} + a_n}{a_{n+1}}$$

Da aber nach Definition für die Fibonaccifolge gilt $a_{n+1} = a_n + a_{n-1}$, haben wir $L^2 + 1 = 1$. Hieraus ergibt sich $L = \frac{1}{2} (\sqrt{5} - 1) = 0{,}618 \ldots$

L ist also der berühmte „Goldene Schnitt", dem wir schon in den Aufgaben 39 und 42 begegnet sind. Er ist das Verhältnis zwischen der kurzen und der langen Seite eines „Goldenen Rechtecks" und stimmt genau für ein solches Rechteck mit dem Verhältnis zwischen langer Seite und Summe von langer und kurzer Seite überein.

MATHEMATICAL NURSERY RHYME No. 27

Mathematical Mary, who runs a computer,
Is a bug on electrons—none can dispute her—
She is quick to explain for your edification
That "the thing that produces the simplification,
Is that magical bit—the tiny transistor."
Then she goes on to say—who can resist her?
"It's a semi-conductor such as germanium—
And here is the fact that should stick in your cranium—
Its log of resistivity clearly must be
A over its temperature added to B."

MATHEMATICAL NURSERY RHYME No. 28

Little Boy Blue, come blow your horn!
Swirl air through venturi in early morn!
But the sheep hear no $Q = V$ times A
For, alas, he's sleeping under the hay.

Little Boy Blue, rise from your sleep!
Volume alone won't gather your sheep.
You must blow your horn with velocity, V,
To give the needed $4005 \sqrt{VP}$.

MATHEMATICAL NURSERY RHYME No. 29

Grade School gives the rule of three—
High School adds infinity.
College brings the proud degree.
Then years of work—authority—
Tables, curves and complex charts—
Weighty books in many parts.
And yet how frequently success
Stems from the educated guess.

MATHEMATICAL NURSERY RHYME No. 30

When talking of power, you are likely as not
To honor the name of immortal James Watt.
If the matter is current, it's that great pioneer,
The brilliant French physicist, André Ampère.
Potentially speaking, E.M.F. gets a jolt as
You further the fame that was Count Sandro Volta's
And you glorify all of these three lustrous champs,
Each time you equate Watts to Voltage times Amps.

Der Goldene Schnitt hat lange Zeit in Kunst und Architektur eine Rolle gespielt, weil man annahm, daß entsprechende Proportionen eine besonders harmonische Form bewirken würden (vgl. das Bild der Mona Lisa Bild 76 mit den eingezeichneten Goldenen Rechtecken). Auf Beziehungen des Goldenen Schnitts zu Maßverhältnissen in der Natur haben wir schon hingeweisen.

Aus den obigen Bemerkungen zum Goldenen Rechteck ergibt sich:

$$L = \frac{1}{1 + L} \text{ bzw. } 0{,}618 \ldots = \frac{1}{1{,}618} \text{ (vgl. Bild 77)}$$

Hier hat man das bemerkenswerte Beispiel einer positiven Zahl, deren Reziprokes sich von ihr um 1 unterscheidet. Im übrigen gibt es noch viele faszinierende Dinge, die mit dem Goldenen Schnitt zusammenhängen.

Bild 76

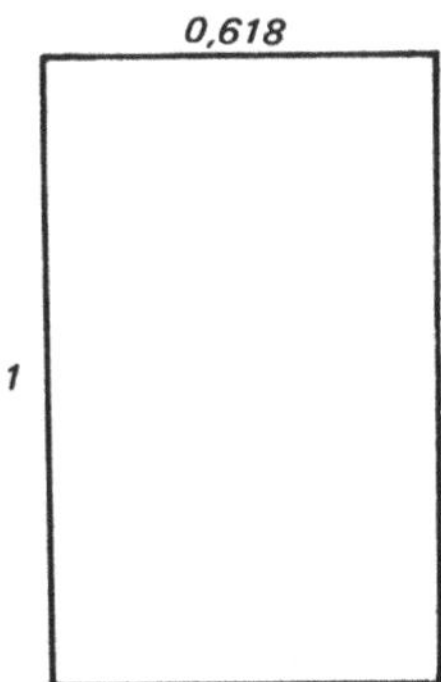

Bild 77

48 Das Generationsproblem

Das folgende Problem stammt von Maxey Brooke, einem Chemiker bei Phillipps Petroleum Company, und verbindet vier Generationen. „Hier ist etwas interessantes", sagt Bobby's Vater. „Das Produkt aus meinem und Bobby's Alter bleibt gleich, selbst wenn in beiden Zahlen die beiden Ziffern vertauscht werden. Beide Alterszahlen sind nicht durch 11 teilbar." Bobb's Großvater sagt: „Das ist noch gar nichts; das Produkt aus meinem Alter und Bobby's bleibt ebenfalls unverändert, wenn jeweils die beiden Ziffern vertauscht werden. Bobby's Urgroßvater fühlt sich übergangen und meldet: „Das Produkt aus meinem Alter und Bobby's bleibt auch gleich, wenn jeweils die beiden Ziffern vertauscht werden."
Wie alt ist Bobby?

Lösung. Bei den Einsendungen fiel insbesondere auf, daß nur wenige Aufgabenlöser die natürlichen biologischen Randbedingungen beachtet hatten (so ist im allgemeinen der Vater wenigstens 18 Jahre älter als sein Sohn).

Im algebraischen Ansatz werden solche Nebenbedingungen zunächst nicht berücksichtigt, um eine Übersicht über alle möglichen Lösungen zu bekommen.

Bobby's Alter sei $10v + x$, und $10t + u$ sei das Alter eines seiner drei Vorfahren. Dann ist

$$(10v + x)(10t + u) = (10x + v)(10u + t), \text{ woraus } x = \frac{vt}{u} \text{ folgt.}$$

Angenommen, Bobby ist noch nicht 20 Jahre alt, dann ist $v = 1$ und mit $x = \frac{t}{u}$ erhalten wir folgende Tabelle:

$$
x = \quad 2, \quad 3, \quad 4, \quad 5, \quad 6, \quad 7, \quad 8, \quad 9
$$

$$
t/u = \left\{
\begin{array}{llllllll}
2/1, & 3/1, & 4/1, & 5/1, & 6/1, & 7/1, & 8/1, & 9/1 \\
4/2, & 6/2, & 8/2 \\
6/3, & 9/3 \\
8/4
\end{array}
\right.
$$

Aus den biologischen Randbedingungen ergibt sich, daß x höchstens 3 sein kann.

Es ergeben sich dann folgende Möglichkeiten für das Alter:

Bobby	Vater	Großvater	Urgroßvater
12	42	36	84
13	31	62	93

Ist Bobby ein Twen, so ist $x = \frac{2t}{u}$ und nach derselben Methode ergibt sich sein Alter zu 24 Jahren. Die Alter seiner Vorfahren sind dann 42 63 und 84 Jahre.

Mit der gleichen Methode erfährt man, daß Bobby nicht älter als 24 Jahre sein kann.

49 Produkt mit Spiegelzahl

Das folgende Problem sieht auf den ersten Blick leichter aus als es ist. Zahlenliebhaber werden ihren Spaß daran haben. Wie könnte man beweisen, daß das Produkt einer zweistelligen Zahl mit ihrer Spiegelzahl niemals eine Quadratzahl ergibt — es sei denn, beide Ziffern der Ausgangszahl sind gleich.

Natürlich sollen hier nicht sämtliche Fälle durchprobiert werden — gesucht ist eine allgemeine Begründung.

Lösung. Als diese Aufgabe im Dial erschienen war, erhielten wir eine Vielzahl von Lösungen, in denen so argumentiert wurde: Die Ausgangszahl sei $10a + b$; dann ist die Spiegelzahl $10b + a$, und „offensichtlich" ist ihr Produkt $10a^2 + 101ab + 10b^2$ nicht von der Form eines vollständigen Quadrats $u^2 + 2uv + v^2$. Ausnahme: $a = b$.

Ein Leser ließ sich sogar zu folgendem Argument hinreißen: Der Koeffizient von ab muß stets eine gerade Zahl sein (wegen 2uv); 101 ist jedoch ungerade. —

Wählt man jedoch $a = b = 3$, dann ergibt sich $101ab = 909$, und der gesamte Ausdruck liefert $1089 = 33^2$.

Der obige Trugschluß läßt sich noch auf andere Weise entlarven. Wenn wir statt von zweistelligen, von dreistelligen Zahlen $100a + 10b + c$, $100c + 10b + a$ ausgehen, so erhalten wir für ihr Produkt den Ausdruck $100a^2 + 100b^2 + 100c^2 + 1010ab + 1010bc + 10001ac$, der offensichtlich nicht die typischen Kennzeichen eines vollständigen Quadrats hat.

Andererseits erhält man für a = 1, b = 6, c = 9:

$$169 \cdot 961 = 403^2.$$

Der gesuchte Beweis scheint also ein bißchen komplizierter zu verlaufen und verlangt offenbar den hier schon so oft wiedergegebenen „Überraschungsangriff".

Wir nehmen an, daß $(10a + b)(10b + a) = k^2$ sei und $a > b$. Wir setzen $x = a + b$ und $y = a - b$ und erhalten die Pythagorasgleichung $(9y)^2 + (2k)^2 = (11x)^2$, die ausführlich in Nr. 28 untersucht worden war.

Das damalige Ergebnis lautete: Die Hälfte der geradzahligen Länge kann als Produkt zweier Zahlen geschrieben werden, wobei die Summe der Quadrate dieser Zahlen, die Hypothenusenlänge und die Differenz der Quadrate die Länge der anderen Kathete ergibt. Auf unseren Fall übertragen heißt das:

$$9y = p^2 - q^2, \ 2k = 2pq, \ 11x = p^2 + q^2.$$

Ersetzen wir x durch a + b und y durch a − b, so erhalten wir

$$10a + b = p^2 \text{ und } 10b + a = q^2.$$

Um die Bedingung der Aufgabe mit $a \neq b$ zu erfüllen, müssen also Ausgangszahl und ihre Spiegelzahl selbst Quadratzahlen sein. Da es keine zweistellige Zahl mit dieser Eigenschaft gibt (vgl. Nr. 26 „Weihnachtswünsche"), ist der Beweis abgeschlossen.

50 Potenzlose Binärzahlen

Dieses Problem könnte von besonderem Interesse für Informatiker sein, die häufiger mit dem Binärsystem zu tun haben. Beweise: Keine der Binärzahlen 11, 111, 1111, 11111, ... ist eine Quadratzahl, ein Kubus oder eine höhere Potenz.

Lösung. Die in der Aufgabe angesprochenen Zahlen haben die Form $2^x - 1$; dies ergibt sich z. B. aus der Summenformel für endliche geometrische Reihen. Durch die Untersuchung von Einzelfällen kamen viele Leser zu der Ansicht, daß dieser Ausdruck keine Quadratzahl darstellen könne.

Es ist nicht schwer, exakt zu begründen, daß $2^x - 1$ für x = 2, 3, ... nicht von der Form a^b mit a, b $\in \mathbb{N}$ ist. Wir subtrahieren von der gegebenen Zahl Eins und erhalten $a^b - 1 = 2c$ mit einer ungeraden Zahl c. Natürlich ist dann auch a ungerade. Nun gilt

$$a^b - 1 = (a - 1)(a^{b-1} + a^{b-2} + \ldots + a + 1).$$

Die zweite Klammer enthält b ungerade Zahlen. Da aber a − 1 gerade ist, kann nicht auch b gerade sein, sonst wäre c ebenfalls gerade. Somit ist b ungerade.

Andererseits ist $a^b + 1 = 2^k$, und $a^b + 1$ kann als Produkt $(a + 1) \left[(a^{b-1} - a^{b-2}) \ldots + \ldots + (a^2 - a) + 1 \right]$ geschrieben werden. Der zweite Faktor ist ungerade, weil die Zahlen $(a^{b-1} - a^{b-2})$ usw. sämtlich gerade sind. Da aber 2^k keinen ungeraden Teiler ungleich 1 enthält. ergibt sich der Widerspruch. Eine Binärzahl, die nur die Ziffer 1 in ihrer Darstellung enthält, kann nicht von der Form a^b sein.

Nun eine interessante Alternativlösung. Jede der Zahlen 11 ... 11 ist von der Form $2^n + 2^{n-1} + \ldots + 2^2 + 2 + 1$.

Jeder Term in dieser Summe ist um 1 größer als die Summe aller vorhergehenden Terme mit kleineren Potenzen. Der Wert der Summe ist daher $2^n + (2^n - 1) = 2^{n+1} - 1$.

Wenn wir n + 1 = k setzen, so geht der letzte Ausdruck über in $2^k - 1$. Der Exponent k kann nun gerade oder ungerade sein. Ist k ungerade, so hat das Polynom $a^k - 1$ genau zwei Faktoren, von denen der eine a − 1 ist. Für den Fall a = 2, müßte somit $2^k - 1$ prim sein.

Ist k gerade, so gilt $2^k - 1 = (2^{k/2} - 1)(2^{k/2} + 1)$. Ist nun auch $\frac{k}{2}$ gerade — dann ist $2^{k/2} + 1$ prim (für gerades j hat $a^j + 1 = 0$ keine reellen Lösungen und $a^j + 1$ keinen reellen Faktor). Ist $\frac{k}{2}$ ungerade, dann muß $2^{k/2} - 1$ prim sein. Dann aber ist die Zahl 11 ... 11 Produkt zweier Primzahlen P und P − 2 und kann somit nicht von der Form a^b sein.

51 Spiegeln verdoppelt

Man bestimme eine Zahl, deren Spiegelzahl im Dezimalsystem das Doppelte der Ausgangszahl ist. Man untersuche dieses Problem auch für andere Stellenwertsysteme (Binär-, Ternär-System etc.).

Lösung. Im folgenden gegen wir zwei recht originelle Lösungen von Dial-Lesern wieder, die Sie dann auch mit Ihrer eigenen Lösung vergleichen können.

Herr Dobry schrieb: „Wir betrachten im Stellenwertsysem mit Basis m die Zahl a = ABC ... XYZ und addieren sie zu sich selbst. Wenn a eine Zahl der gesuchten Art ist, so ergibt sich als Resultat die Spiegelzahl Z..... A. Sehen wir uns die letzte Stelle an; es gibt zwei Möglichkeiten: Entweder ist 2Z = a oder 2Z = a + m. Im letzten Fall ist bei der Addition ein Übertrag erforderlich. An der ersten Stelle ergibt sich bei Addition 2A = Z oder 2A + 1 = Z. Durch diese Bedingungen kann in naheliegender Weise der Fall 2Z = A ausgeschlossen werden. Bleibt also 2Z = A + m.

Wir verfolgen nun die beiden Möglichkeiten für das Resultat der *ersten* Stelle bei Addition von a zu sich weiter. Wir wissen: 2Z = A + m und *untersuchen zunächst den Fall 2A + 1 = Z.* Aus diesen beiden Gleichungen ergibt sich $2(2Z - m) + 1 = Z$, und hieraus $Z = \dfrac{(2m - 1)}{3}$ bzw. $A = \dfrac{m - 2}{3}$.

Da m, A, B, ... natürliche Zahlen sein sollen, muß m − 2 ein Vielfaches von 3 sein (äquivalent dazu ist: 2m − 1 ist Vielfaches von 3).

Wenn nun eine Zahl a, die diese Bedingungen erfüllt, zu sich selbst addiert wird, so erfolgt — wie wir wissen — an der letzten Stelle ein Übertrag von 1 auf die vorletzte Stelle, und 1 wird ebenfalls von der zweiten auf die erste Stelle übertragen. Nun durchmustern wir, beginnend bei der letzten, die einzelnen Stellen von a. Kommen wir an eine Stelle, bei der die Addition der entsprechenden Ziffer zu sich selbst *keinen* Übertrag liefert, so müssen wir bei A angelangt sein. Die Zahl a ist demnach aus Ziffernblöcken AB ... YZ aufgebaut und hat die Form AB ... YZ ... AB ... YZ.

Nun können wir in analoger Weise die eingangs gemachte Überlegung durchführen; es ergibt sich:

$$2B + 1 = Y + m \quad \text{und} \quad 2Y + 1 = B + m.$$

Hieraus erhalten wir $Y = B = m - 1$ und das folgende Teilresultat. Grundlösungen unseres Problems unter der Bedingung $2A + 1 = Z$ sind genau in Stellenwertsystemen mit einer Bais $m = 3t + 2$ ($t = 1, 2, \ldots$) möglich. Die entsprechenden Zahlen a haben die Form ABB ... BZ, wobei $A = \dfrac{m - 2}{3}$, $B = m - 1$, $Z = \dfrac{2m - 1}{3}$.

Die Ziffer B zwischen A und Z kann 0, 1, 2, ... -mal auftreten.

Weitere Lösungen können aus den Grundlösungen folgendermaßen erzeugt werden. Man stellt die Ziffernblöcke von Grundlösungen, etwa ABZ, ABBZ so nebeneinander, z. B. ABZABBZABZ, daß bei Spiegelung des neuen Ziffernblocks auch die Teilblöcke in ihrer gespiegelten Form erscheinen;

hier: ZBAZBBAZBA.

Eine Verbindung der obigen Blöcke zu ABZABBZ wäre also nach dieser Regel nicht zulässig.

Einige Beispiele.

	AZ	*ABZ*	*AB ... BZ*
5	13	143	14 ... 43
8	25	275	27 ... 75
11	37	3.10.7	3.10 ... 10.7
14	49	4.13.9	4.13 ... 13.9
17	5.11	5.16.11	5.16 ... 16.11
20	6.13	6.19.13	6.19 ... 19.13
23	7.15	7.22.15	7.22 ... 22.15

Nun untersuchen wir den *verbleibenden Fall 2A = z* mit der Bedingung $2Z = A + m$ weiter. Aus diesen Gleichungen folgt $3A = m$ und somit $A = \dfrac{m}{3}$, $B = \dfrac{2m}{3}$. Die Basis m muß also Vielfaches von 3 sein. Offensichtlich gibt es keine zweistellige Zahl mit diesen Eigenschaften.

Erfolgt bei Addition von a zu sich selbst an der vorletzten Stelle *kein* Übertrag, so ist $2Y + 1 = B$.

An der zweiten Stelle gibt es folgende Möglichkeiten: $2B = y$ oder $2B - 1 = Y$. Im ersten Fall ergibt sich $B = -1/3$, im zweiten Fall $B = -1$.

Also muß von der vorletzten Stelle *doch* ein Übertrag stattfinden, d. h. $2Y + 1 = B + m$.

Kombinieren wir dies mit der Möglichkeit $2B = Y$ (von der zweiten Stelle), so ergibt sich $B = \dfrac{m - 1}{3}$, d. h. $m - 1$ ist Vielfaches von 3. Dies ist aber nicht möglich, da m Vielfaches von 3 ist.

Von der zweiten Stelle kommt also nur noch der Fall $2B + 1 = Y$ in Betracht. Mit $2Y + 1 = B + m$ erhalten wir $B = \frac{m}{3} - 1$ und $Y = \frac{2m}{3} - 1$.

Wenn also ABC ... XYZ zu sich selbst addiert wird, so findet *auf* die zweite Stelle und *von* der vorletzten Stelle ein Übertrag statt. Wie oben überlegt man sich, daß alle Ziffern zwischen B und Y den Wert $m - 1$ haben müssen, so daß alle Grundlösungen die Form ABC ... CYZ haben mit $A = \frac{m}{3}$, $B = \frac{m}{3} - 1$, $C = m - 1$, $Y = \frac{2m}{3} - 1$, $Z = \frac{2m}{3}$.

Dabei ist m Vielfaches von 3, und die Ziffer C kann 0, 1, 2, ... -mal auftreten.

Weitere Lösungen können aus den Grundlösungen wie oben durch geeignetes Zusammensetzen von Ziffernblöcken gewonnen werden, z. B. ABCCYZABYZABCCYZ.

Einige Beispiele für Grundlösungen:

m	*A*	*B*	*Y*	*Z*	*A*	*B*	*C*	*Y*	*Z*
3	1	0	1	2	1	0	2	1	2
6	2	1	3	4	2	1	5	3	4
9	3	2	5	6	3	2	8	5	6

Damit haben wir eine vollständige Übersicht über die Lösungen unseres Problems gewonnen. Im Dezimalsystem besitzt die Aufgabe keine Lösung, da hier $m = 10$ weder Vielfaches von 3 ist, noch bei Division durch 3 den Rest 2 läßt.

Die Lösung von Herrn Campbell war ähnlich; die erste Tabelle entstammt seinem Brief.

52 Drei Parallelen

In Verbindung mit der dritten Lösung zu unserer 1. Aufgabe wurde bemerkt, daß zur Konstruktion einer Parallelen durch einen gegebenen Punkt zu einer Geraden ein Zirkel erforderlich wäre.

Etwa zur gleichen Zeit als jenes Problem im Dial erschien, erhielten wir von einem Inder folgende originelle Aufgabe: „Zu einem gegebenen Paar paralleler Geraden ist durch einen Punkt eine weitere Parallele zu konstruieren. Es darf nur ein ungeeichtes Lineal verwendet wer-

146

den." Der Zirkel ist also nicht erlaubt; im Hinblick auf unser erstes Problem stellt dies eine Erschwernis dar, die jedoch zu überwinden ist. In unserer Aufgabe sind ja *zwei* Parallelen gegeben.

Lösung. Die gegebenen parallelen Geraden seien l und m und P der gegebene Punkt (Bild 78). Wir wählen zwei Geraden durch P, die l in den Punkten A, B und m in C und D schneiden. Die Geraden durch A, C und B, D schneiden sich in 0. Der Schnittpunkt von PO mit l bzw. m sei L bzw. M. Die Geraden durch D, L und M, B mögen sich in Q schneiden. Die Gerade durch P, Q ist die gesuchte Parallele. Der Beweis wird über die Ähnlichkeit von Dreiecken geführt. Dreieck PAL bzw. PLB ist ähnlich zu Dreieck PDM bzw. PMC. Es gilt somit AL : DM = PL : PM = LB : MC. Ebenso ist Dreieck ALO bzw. LBO ähnlich zu Dreieck MCO bzw. MDO, woraus sich AL : MC = CO : OM = LB : DM ergibt.

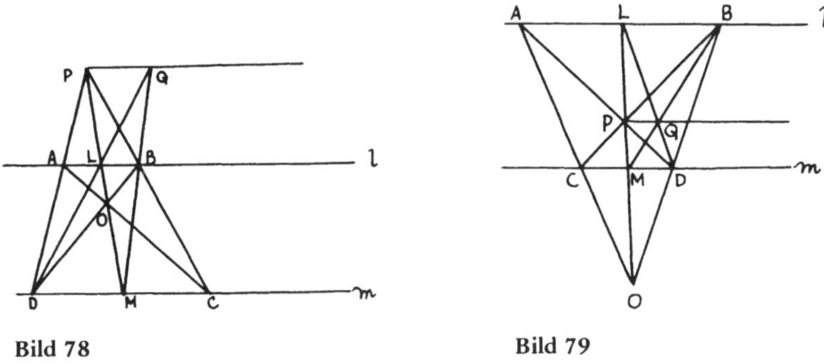

Bild 78　　　　　　　　　　**Bild 79**

Insgesamt haben wir AL : LB = DM : MC = MC : DM, woraus AL = LB und DM = MC folgt.

Dreieck QLB ist ähnlich zu Dreieck QDM, woraus LB : DM = QB : QM folgt. Wegen DM = MC ergibt sich LB : MC = QB : QM = PL : PM. Hieraus folgt, daß die Gerade durch P, Q parallel zu l und zu m ist.

Wir erhalten in analoger Weise eine Lösung, wenn P zwischen l und m liegt (vgl. Bild 79).

Martin Gardner
Mathemagische Tricks
(Mathematics, Magic and Mystery, dt.) (Aus d. Engl. übers. v. B. Kunisch.) Mit 87 Abb. 1981. X, 166 S. DIN A 5. Kart.

Inhalt: Kartentricks — Zauberei mit alltäglichen Gegenständen — Topologische Narretei — Tricks mit spezieller Ausrüstung — Geometrisches Verschwinden — Reine Zahlenzauberei.

Martin Gardner
Mathematisches Labyrinth
Neue Probleme für die Knobelgemeinde.

(Martin Gardner's Sixth Book of Mathematical Games from ,,Scientific American'', dt.) (Aus dem Engl. übers. von R. Heersink und B. Kunisch.) Mit 180 Abb. 1979. VI, 255 S. DIN C 5. Kart.

Inhalt: 50 mathematische Probleme von ,,Vier ungewöhnlichen Spielen'' bis zu ,,Mathematischen Zaubertricks''.

D. E. Knuth
Insel der Zahlen
Eine zahlentheoretische Genesis im Dialog.

(Surreal Numbers, dt.) Aus dem Engl. übers. von Brigitte und Karl Kunisch.) 1979. III, 124 S. 13,5 X 21 cm. Kart.

Das Buch ist eine Alternative zu Lehrbüchern, deren Ziel die Wissensvermittlung ist. Hier wird die Begabung zur Phantasie gefördert: Zwei junge Leute entdecken in den Ferien einen Stein mit einer rätselhaften Inschrift und entwickeln daraus im Zwiegespräch eine mathematisch-logische Theorie. Das Beispiel wirkt ansteckend.

Imre Lakatos
Beweise und Widerlegungen
Die Logik mathematischer Entdeckungen.

Hrsg. von John Worrall und Elie Zahar. (Proofs and Refutations, dt.) (Aus dem Engl. übers. von Detlef Spalt). Mit 29 Abb. 1979. XII, 161 S. DIN C 5 (Wissenschaftstheorie, Bd. 14). Kart.

Das Buch zeigt, daß Mathematik nicht eine Ansammlung feststehender Wahrheiten ist, sondern daß sie als dramatischer Vorgang zu verstehen ist: Hypothesen aufstellen, sie verbessern oder verwerfen und neue Ansätze immer wieder der schöpferischen Kritik unterziehen.